おもしろサイエンス

火山の科学

西川有司［著］

B&Tブックス
日刊工業新聞社

はじめに

火山噴火は脅威です。地球の内部からマグマが湧き出し、噴出すれば私たちの社会生活を脅かし、破壊をもたらします。しかし、一方で、火山は美しい地形をもつ景観もつくります。

世界には１５００の活火山があり、日本には１１１の活火山が北から南までいたるところに存在しています。日本は「火山の国」なのです。

火山は「地球の熱を排出する煙突」です。地球の中心となるコアの５５００℃という超高熱がマントルに伝わり、マントルを動かし、大陸を移動させ、海溝で沈み込み火山をつくり噴火させます。これが「海溝型」の火山です。

他方、この超高熱マントルがコア直上から地上めがけて密度差、温度差があるマントルの中を上昇し、火山をつくります。ハワイのような「ホットスポット型」の火山です。

また、海洋では数千キロメートルと長い海底山脈をつくっていますが、山脈に沿い溶岩が湧き出ています。これが「海嶺型」の火山です。火山にはこの３種類の火山型があります。日本の火山はすべて海溝型です。

また海嶺の中心、溶岩噴き出しの割れ目を境に溶岩が両方の方向にプレートとなって移動していきます。ここがプレートテクトニクスの出発場所となります。

火山活動は太古より起こっています。山をつくり、爆発し、山が壊れそして噴火し、どろどろに燃え滾る溶岩湖をつくり、数万年に1回は地球の景色を一変させる破局噴火を起こします。成層圏に達した噴煙によって地球は火山灰に覆われ寒冷化し、食糧難が起こります。

また火山は大惨事となる災害をもたらします。家が破壊され、田畑が埋もれ、たくさんの犠牲者をだし、都市や町や村も無くなります。しかしその一方で火山活動は多くの恵みももたらします。火山が生み出す熱による地熱発電や温泉、熱で寒冷地でも野菜栽培ができます。

本書では火山を体系化し、火山全体をわかりやすく表しました。火山とプレートテクトニクス、火山活動の起こる場所、噴火の仕方、日本の火山の特徴、火山災害と防災など、火山を理解しやすいように描き、火山を通し地球への興味を持っていただければ幸いです。また、本書は、おもしろサイエンスの「岩石の科学」や「地形の科学」「天変地異の科学」と相互に関係します。本書を通して火山のおもしろさや怖さを感じていただければ、さらに科学的な眼で火山を見、眺めていただければ、筆者の望外の喜びです。

日刊工業新聞社藤井浩氏には執筆の機会を与えてくださり、執筆編集のご指導をいただき、深く感謝を申し上げます。

西川有司

2020年3月

目次

第1章 火山とはいったいどんな山？

第2章 噴火はどうやって起こるのか?

第3章 火山はどんな場所にあるのだろう?

第4章 日本は火山列島なのだ

第5章 世界にもいろいろな火山がある

第6章 火山を利用する―地熱、農業、景観・観光

第7章 火山と災害、予知、防災

Column

第1章

火山とはいったいどんな山？

1 火山とはどんな山なのか

日本は山国であり、火山の国、火山列島です。では、どんな山が「火山」と呼ばれるのでしょうか。

山のでき方は幾通りかあります。褶曲（平らな地層が曲がりくねること）により地層が隆起し、山になります。累積した地層が雨などで侵食され山ができます。地層が堆積していっても、山になります。

一方溶岩が積み重なって高くなった場合も山になり、これが「火山」です。この山の溶岩は地下から噴出してきたものです。このような地下からの溶岩が噴出してくる山が「火山」です。日本には北は北海道から南は沖縄に至るまで日本中に火山があります。誰もが火山を見たことがある身近な存在です。

火山は過去1万年以内に噴火したことがある火山、現在活発な噴気活動（ガスや蒸気をふきだすこと）のある火山のことを活火山と定義しています。地下にあるマグマが溶岩となって地表あるは水中に吹き出てきたり、さらに火山ガス、火山灰、火山弾が出てきます。これを噴火といいます。噴火を伴う地形が火山で活火山です。

日本の活火山数は111です。世界には1500の活火山があります。なお2万5000分の1地形図に基づけば日本の山の数は1万6667ですから、活火山は火山国といっても1％ほどでたくさんある、というほどではありません。

陸上だけでなく、海底にも活火山はたくさんあります。日本周辺の海の中にも陸上よりもずっと多い火山が存在しています。これを「海底火山」と呼んでいます。海底の深さもふつう2000~5000メートルですから海底火山の噴火の様子の観察は困難です。また、海に隠れているため海底火山の多くは海上に噴

火山の形成

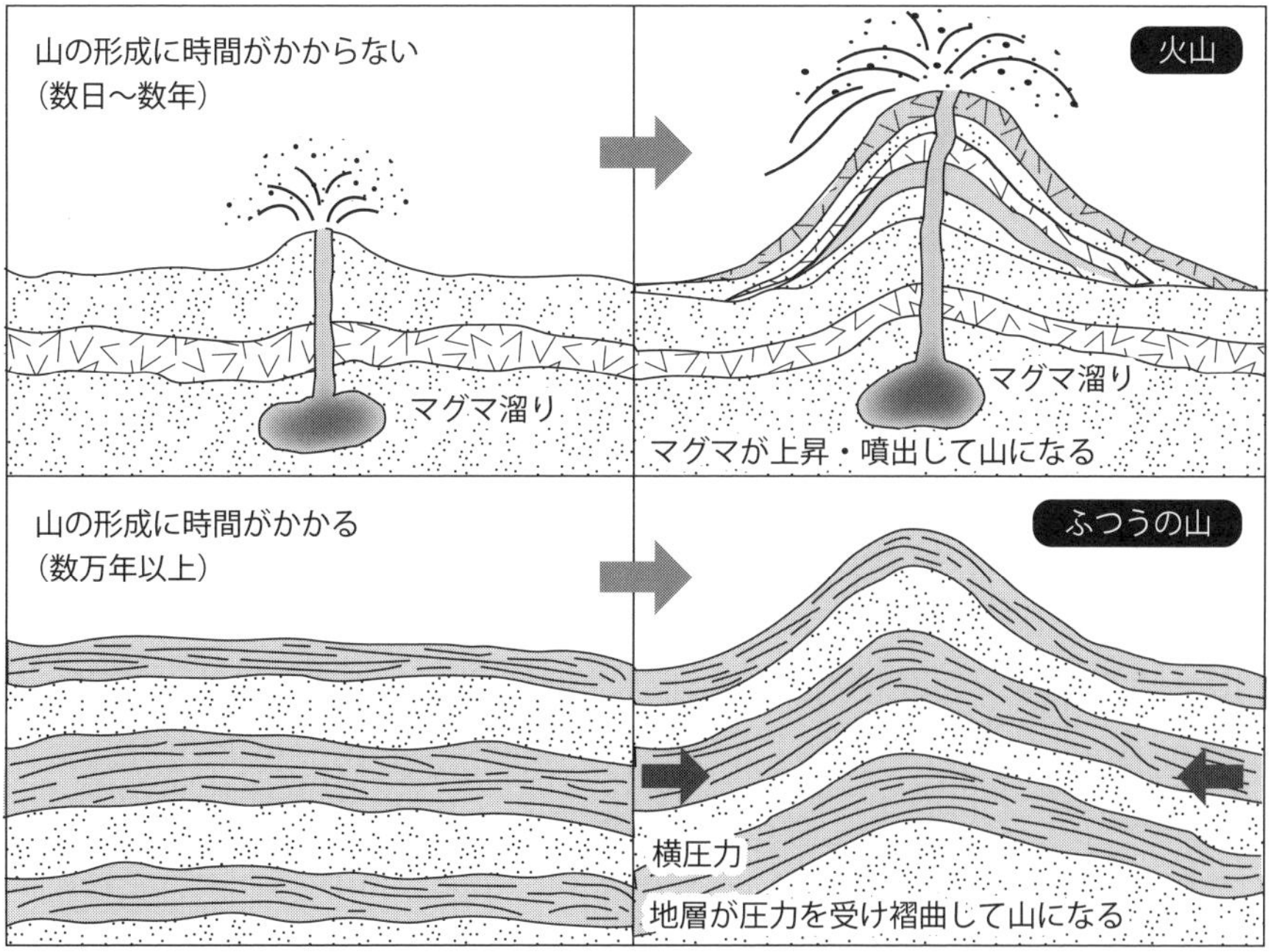
山の形成に時間がかからない
（数日〜数年）
マグマ溜り
火山
マグマ溜り
マグマが上昇・噴出して山になる
山の形成に時間がかかる
（数万年以上）
ふつうの山
横圧力
地層が圧力を受け褶曲して山になる

火の兆候を見せません。

火山と火山以外の山の区別は、新しい火山であれば、一目瞭然です。しかし、古い火山であれば、侵食も進んでおり、植生も大きくはかわらないため見かけでは火山ではない山との差が見らません。山容と地形からまず火山か火山ではないか見極めていきます。しかし、結局は山の地質や岩石を調べなければわかりません。

日本列島には火山が多く存在していますが、隆起や陥没など地殻変動が激しく、さらに火山の噴火活動などで、古い地層が残りづらい環境にありますから、時代が古くなれば、火山と、火山以外の山の区別は難しくなります。

一口メモ

活火山とは過去1万年以内に噴火したことがある、現在活発な噴気活動のある火山のことと定義できる。

2 火山はどこにあるのだろう？

火山は身近にあるといってもどこにでもあるわけではありません。火山がどこにできるか、どこにあるのか火山が存在する場所は限られています。マグマが発生し、地表にでてきたところに火山が生まれます。

活火山の地下には、必ずマグマ溜りが存在しています。マグマ溜りの深さは、地下数キロメートルから数十キロメートルですが、マグマがマグマ溜りから上昇し、地上に放出されたところが火山となります。

地球は成層構造を持ち、中心からコア、マントル、地殻からなります。コアは５５００℃という想像を超えた超高温で、この高温の熱の放出によって岩石からなるマントルが対流を起こし、大陸が移動します。この地球のシステムが、火山を生み出しています。いわば火山は地球の中心の超高温の熱の排出口といえます。

地球の表面は、十数枚の「プレート」と呼ばれる固い岩盤で構成されています。そしてこの地球を覆うプレートは何千万、何億年もかけてゆっくりと移動しています。プレートが生まれるところが海嶺と呼ばれ、海底火山の山脈で太平洋にも大西洋にも存在しています。プレートが移動し大陸近くの海溝でマントルの中に沈みこむと、火山が生まれます。またマントルを突き破ってマグマが湧き出てくるホット・スポットでも火山活動が引き起こります。

すなわち「海嶺（中央海嶺）」「海溝」「ホット・スポット」（2章9項、3章20項で詳しく説明）の３つの場所が火山の生まれるところです。

日本の火山は「海溝」の近くにある火山です。日本列島に近接した海洋の海底に海溝が存在しています。プレートが海溝でマントルの中に沈みこむところで、

日本の火山の分布と海溝

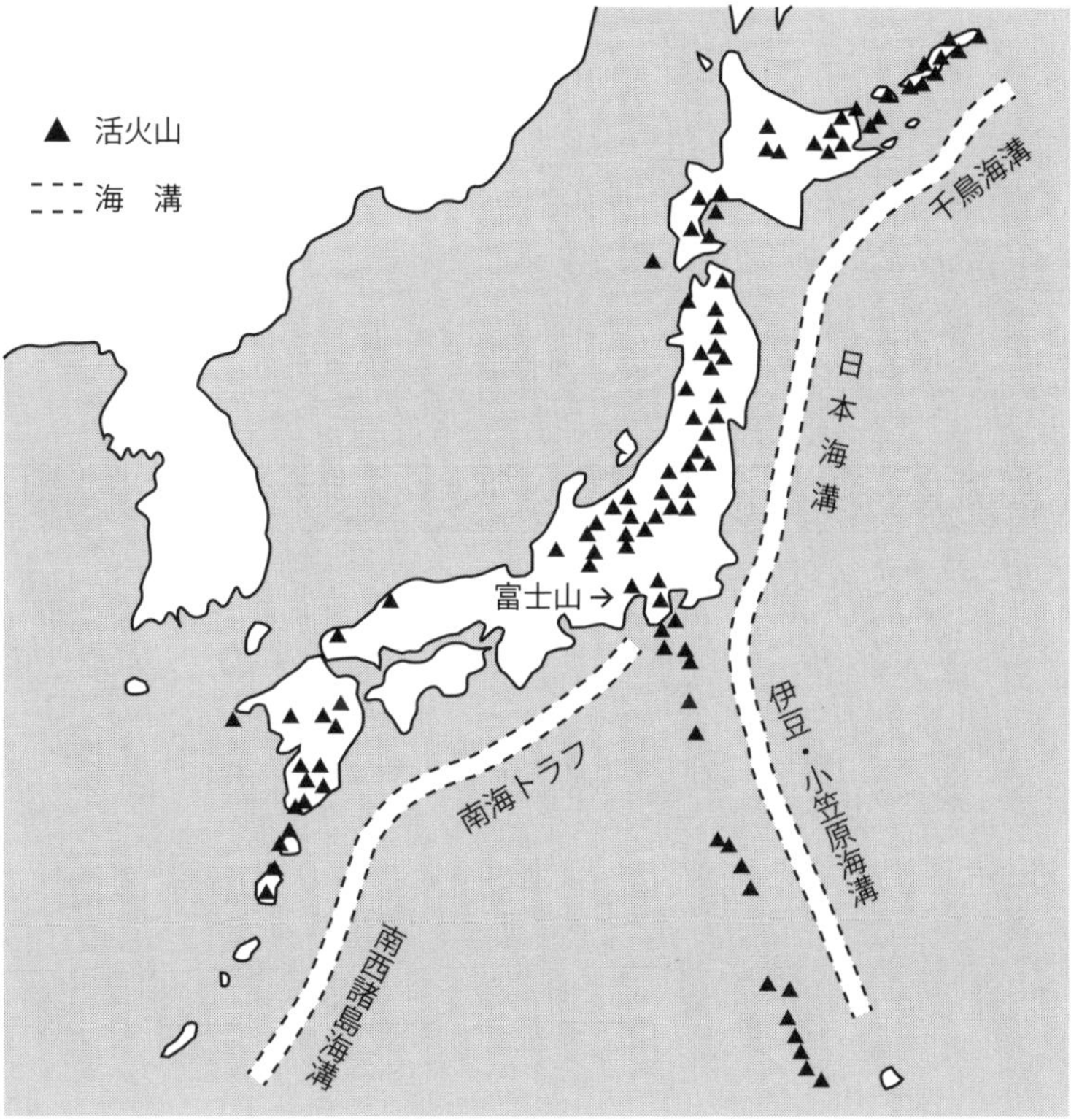

変動帯に位置しており、マントル物質の一部が融けてマグマができます。このマグマが、地表に向かって上昇し、噴き出し地表で火山となります。

このように火山が生まれる地域には規則性があり、地球のシステムの中で火山活動が行われています。無秩序ではなく秩序を通して火山が存在しているのです。

富士山、桜島、浅間山など日本を代表する火山も同じこのような大局的な規則によって特徴づけられる火山で、「海溝」のそばに発達する火山です、

火山によって地球内部の熱が排出されており、温泉もこの排出された熱が深く関与しています。

3 火山の下からマグマが噴出してくる

火山の下にはマグマが存在しています。マグマが発生し地表に出てくるまでは、マグマの様子は直接肉眼で観察することはできません。つまり、マグマの発生から噴出に至る姿は見ることができません。

誰しもが目にする花崗岩は地中で固まる前はマグマでした。地上に噴出することなくゆっくり冷えて岩石、花崗岩になりました。マグマが地表に噴出すれば溶岩で、火山岩です。マグマはこのように冷えて岩石（深成岩）になりますが、地中で固まるか、地上で固まるかで岩石も変化します。

人類がマグマを観察した経験はほんの僅かです。アイスランド北部のクラプラ火山で２００９年地熱発電のボーリングが行われた際、深さ２１００メートルに達する前にボーリング孔から、まったく予期せずマグマが吹き出てしまいました。摂氏９００℃から１０００℃の熱さのマグマの噴出でした。

マグマを噴出させたボーリングはこのほか２００７年にハワイの例がありますが世界中で2例しか報告されていません。ハワイの孔はコンクリートで密封されました。アイスランドの例はマグマ発電が計画されましたが、現在開発検討中でやはり密封されています。

火山の下にはマグマが存在し、マグマが溜れば地上に噴き出てきます。地殻内でマグマが蓄積されているところがマグマ溜りです。マグマ溜り地下数十キロメートルの深部で生成されたマグマは高温の液体であるため、周囲の固体岩石より比重が小さく、浮力によって徐々に上昇します。地下5キロメートルから10キロメートル程度の深さになると周囲の固体岩石とマグマと同程度の比重となり、マグマは浮力を失って滞留するとされています。深部からのマグマが供給されたりプレートの押す力でマグマが押し出されたり、マグマ溜りの減圧によるマグマの中のガス成分が急激に発泡（気化）し、マグマが爆発的に上昇したりしてマグマが地上に噴出します。

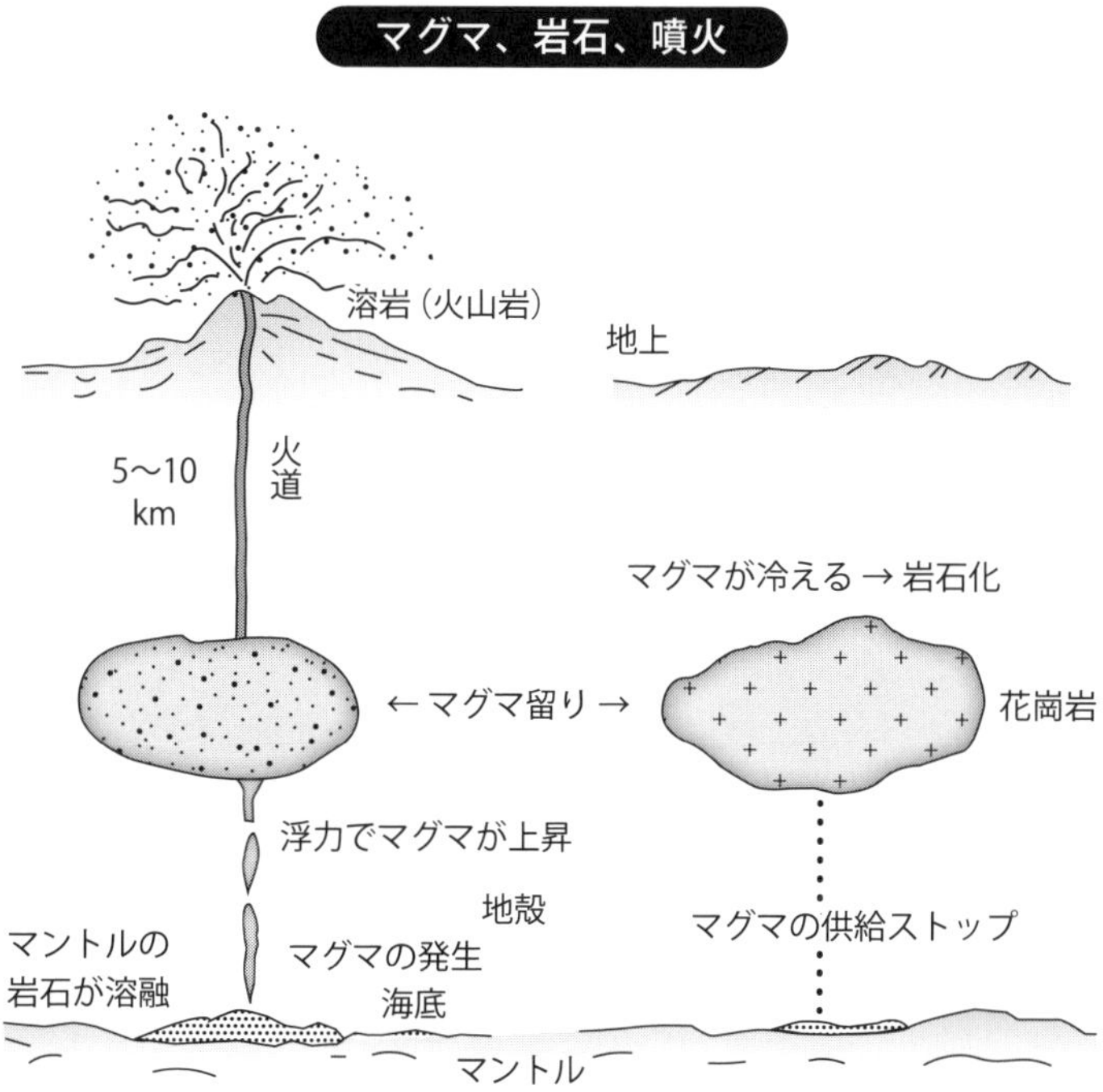

世界で唯一マグマ溜りの内部に入ることができる火山があります。アイスランドの首都レイキャビック南東20キロメートルにあるスリーヌカギガル火山です（コラムを参照）。

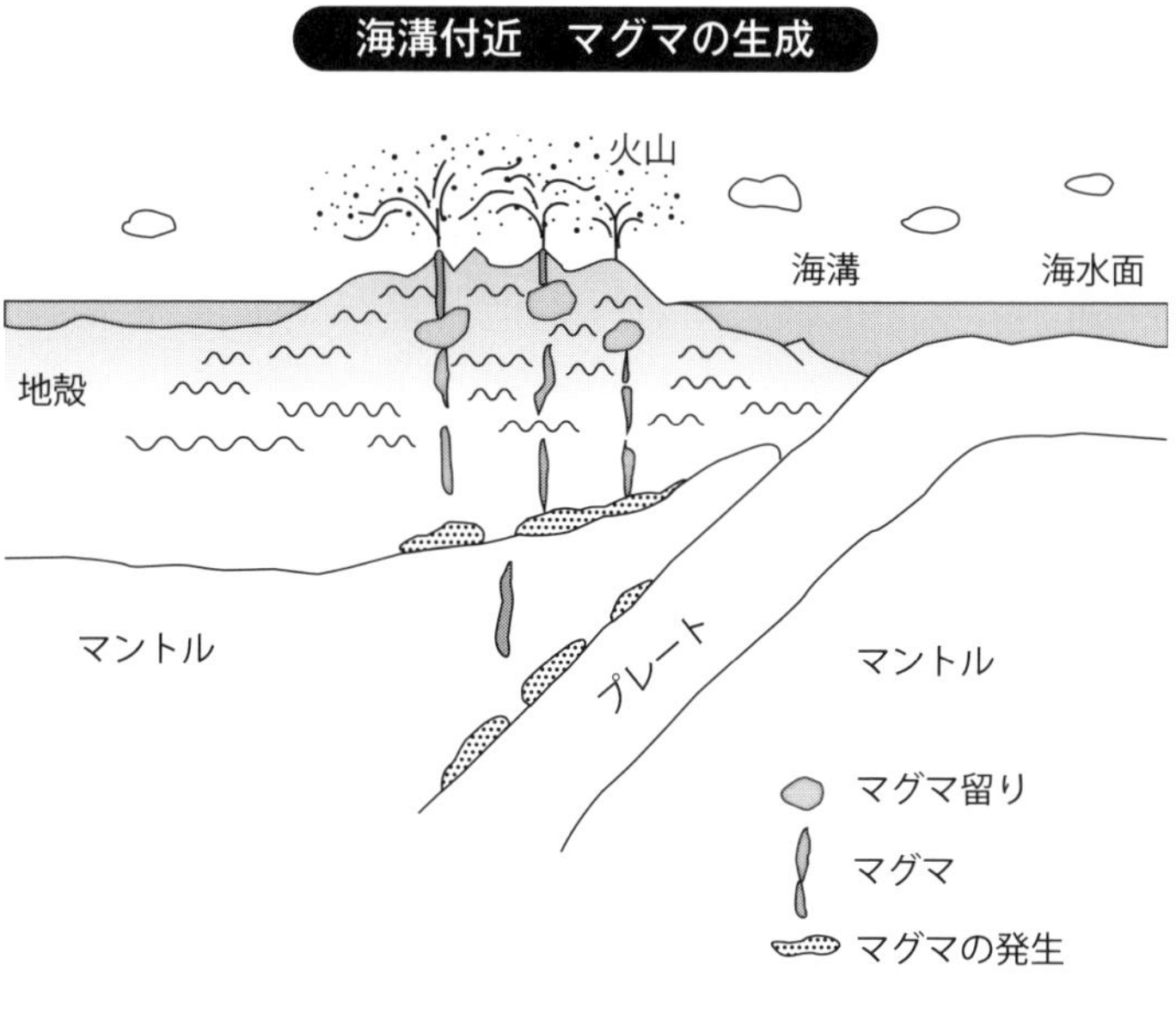

4 海の底からも溶岩が湧き出て山脈をつくる

大洋の底でマグマが発生し、火山活動が起こっています。中央海嶺といい、何千キロメートルも続く海底山脈です。マグマが発生し海底火山の噴火が活発な山脈です。

周囲の海底より2〜3キロメートルも高い尾根をもち中軸部には深い谷が形成されています。リフト・バレーと呼ばれています。

その谷の深さは約1000〜2500メートルで、幅は数キロメートルから50キロメートルで、水深5000メートルです。

現在、中央海嶺は大洋底の地殻およびプレートを生成している場所で、2つのプレートを分ける境界です。この中央海嶺の山脈は大西洋中央海嶺、東太平洋海嶺など地球全体をとりまくようにして7万キロメートル以上にわたっています。

中央海嶺の中軸部の谷を境に離れていくプレートとプレートとの間の谷を埋めるように地下からマグマが上昇してきます。このマグマは新しい海底になります。これが「海底拡大」です。

海底下の高温のマントル物質が上昇し、海底近くの浅いところでマグマとなり、プレート間の谷に噴出し玄武岩質の溶岩となります。

海底火山活動が盛んな山脈は「海嶺」で、大規模な海底山脈を中央海嶺と呼んでいます。

しかし海嶺も中央海嶺も海の下で直接見られません。潜水調査艇や音波探査で調査されています。

なお、アイスランドは、世界で唯一の陸になった中央海嶺です。

中央海嶺

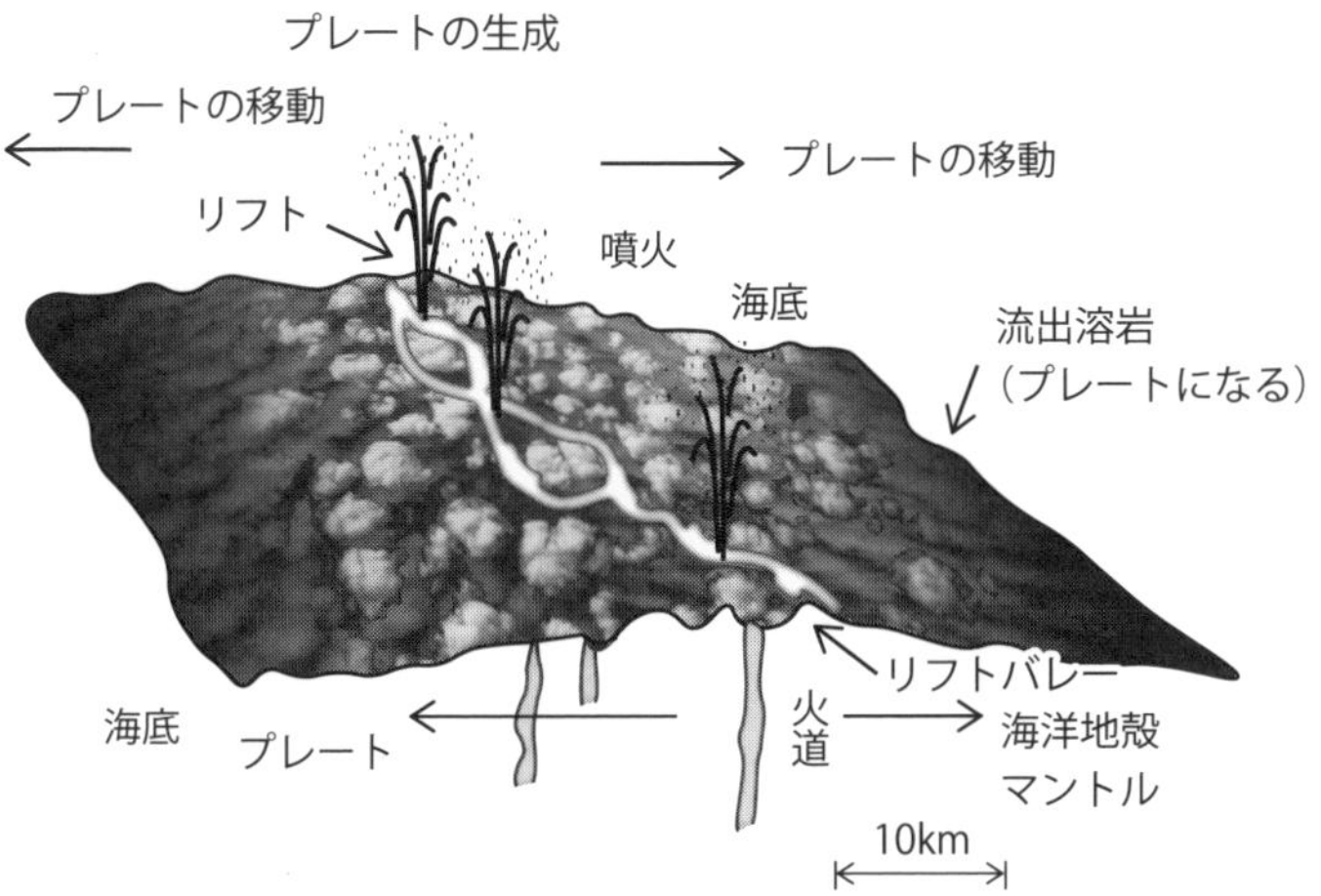

●プレートはリフトを境に反対方向に動く
●海嶺はプレートが生成するところ

マグマの発生と溶岩の流失

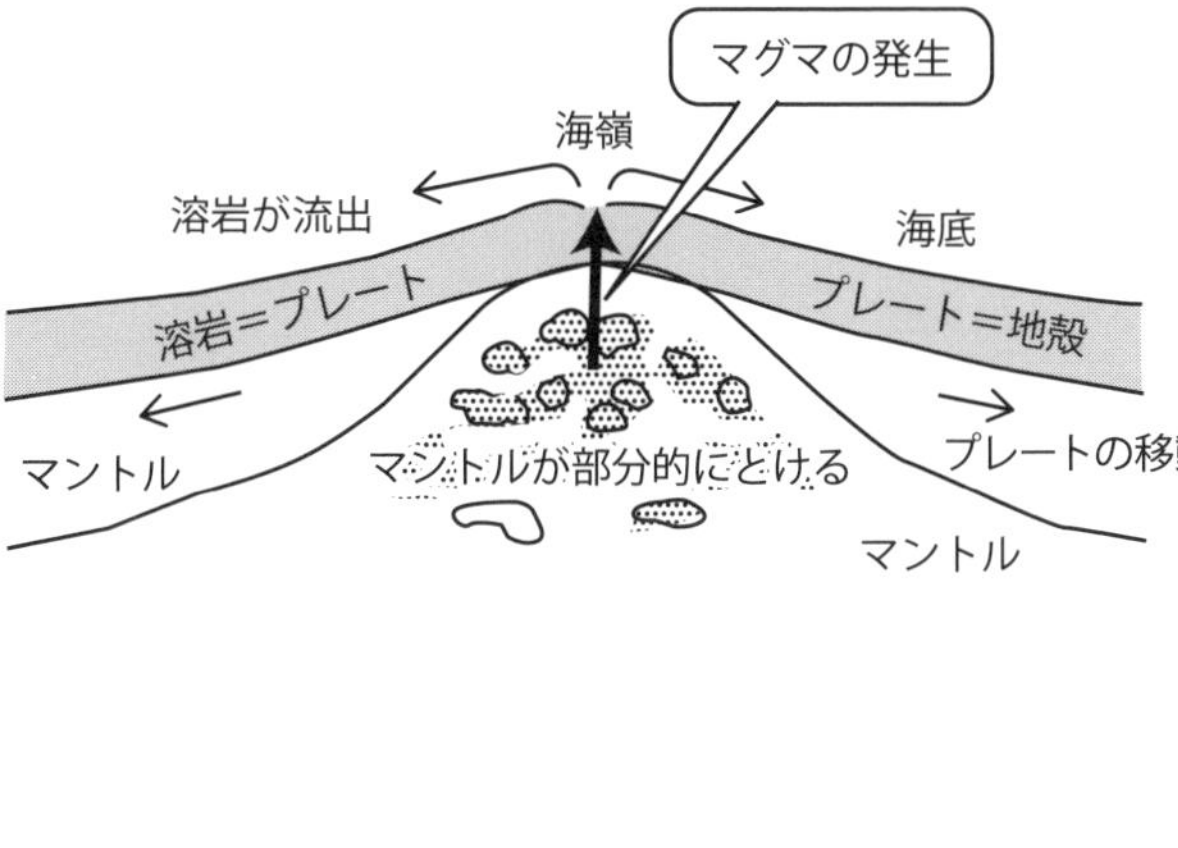

5 地球の内部の熱の放出と火山の形成は密接につながっている

地球の構造は一番外側の薄い岩石からなる地殻は5~70キロメートルの厚さでその下には厚さ2900キロメートルのマントルが取り巻いています。マントルは岩石からなります。さらにその下のコアは2層に分かれ外側は厚さ2200キロメートル液体金属の外核、1300キロメートルの固体の金属の内核から構成されています。

地球の内部はまだよくわかっていませんが、最深部であるコア（核）の外核は鉄やニッケルなどからなる液体で、不均質と推測されています。内核の温度は5000℃から6000℃と、超高温の鉄の固体と推定されています。圧力が360ギガパスカル（GPa）以上と超高圧です。

地球内部の熱は溶けた重い金属が沈む際に生じる重力による熱と内部に存在する放射性元素からの崩壊熱からなります。

地下深部からの熱を地上に放出しながら、マグマが噴出し温度の降下とともにマグマは岩石となっていきます。この熱は上昇しながら岩石からなるマントルを対流させます。地球のコアからマントルに輸送された熱は火山を通して大気に放出されます。マントル対流と火山活動は、この超高熱の地球のコアの熱を放出する一つのシステムで、熱を低下させるシステムでもあります。

マントルの対流は地球表面のプレートを動かすとともにそのプレートが海溝に沈み込むところで、マグマを発生させて、火山活動を起こします。一方マントルが直接地表に到達し、マグマとなり、噴出して火山活動となります。また対流するマントルが地球表面に上昇するところ、すなわち海嶺でマントルが溶融してマ

地球の構造

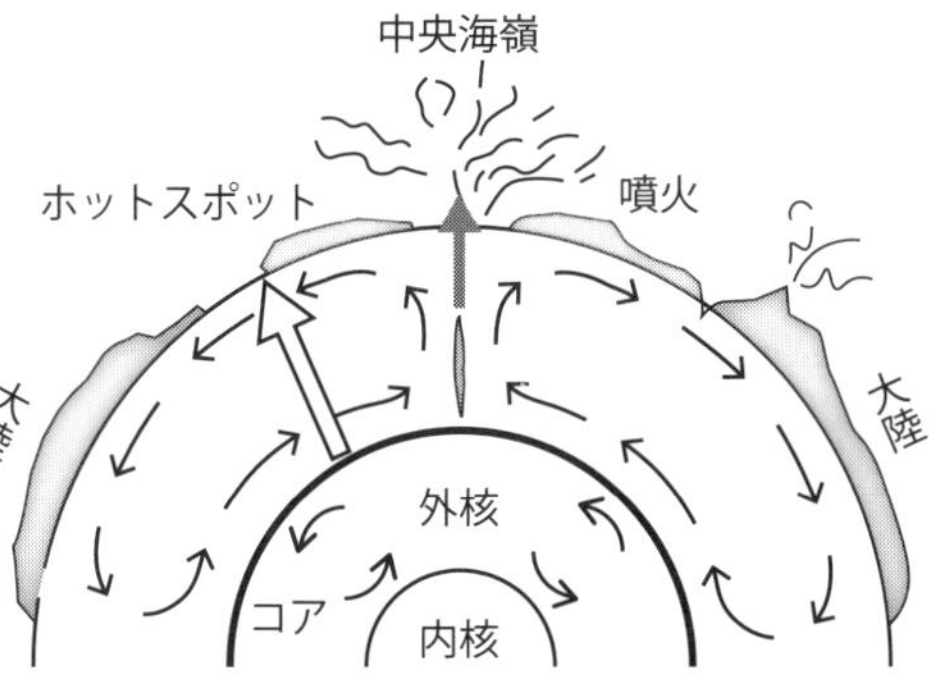

火山噴火の場所

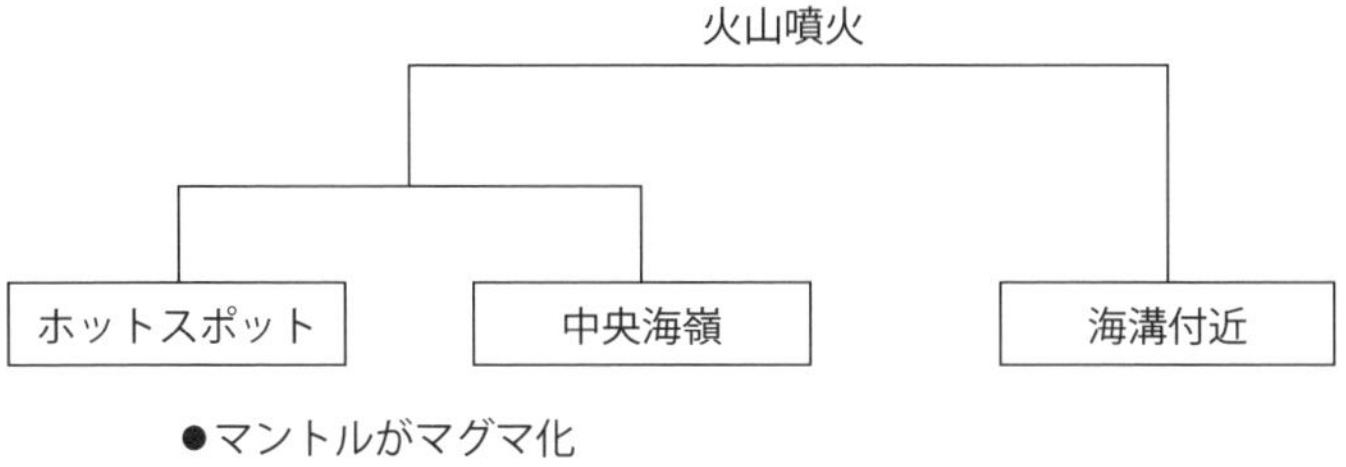

火山噴火のしくみ

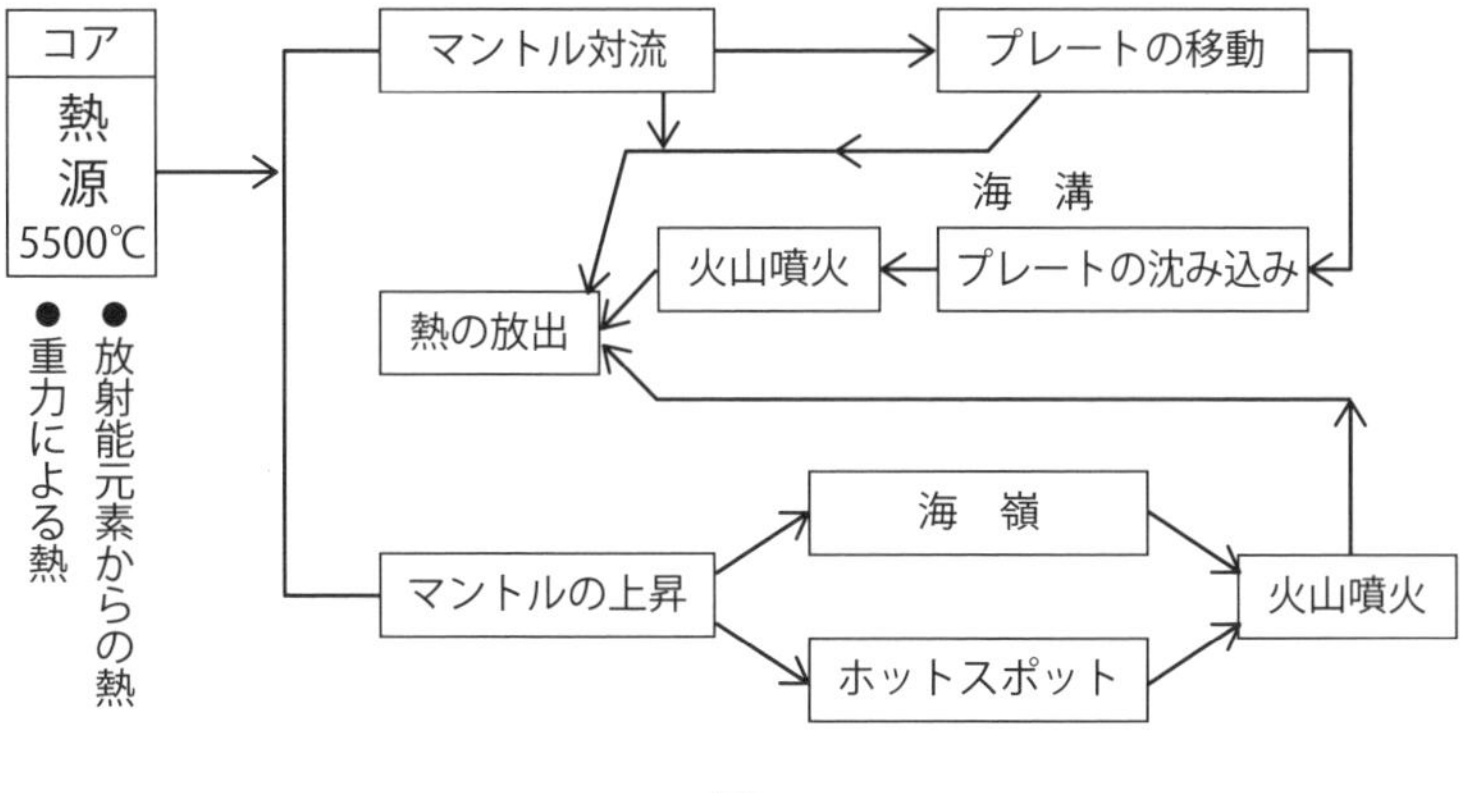

アルマンギャオ、アイスランド

アイスランドの海嶺の露出アルマンギャオ（世界遺産）
左がユーラシアプレート、右側が北米プレート
プレートの生成される場所
道のところがリフト、溶岩（玄武岩）がわき出るところ

グマとなり火山活動を起こします。

またマントルから発生する流動化したマントルの上昇によって地表に噴出するホット・スポットとされているところでも、火山活動が引き起こります。

火山活動は、マントルが直接関係したマントルの上昇でのマグマの噴出か（海嶺型、ホット・スポット型）、プレートの沈み込みによりマントルが間接的にかかわって発生したマグマの噴出（海溝型）によって引き起こされる二つのタイプがあります。このような火山活動によって熱が放出されます。

日本列島のような変動帯による火山は、海溝型です。プレートの沈み込みによって、地下数十キロメートルの深部で溶融しマグマとなり、上昇しマグマ溜りが満杯になれば、噴火を起こします。

6 地球の誕生以来火山活動は続いている

地球は46億年前に誕生しました。太陽の周囲を廻る軌道にあった天体、すなわちミニ惑星が合体して形成されたとされています。

小さな塵などが合体して火星ほどの大きさになり、さらにそこに10個ほどの惑星が衝突してほぼ現在の地球の大きさとなりました。

地表はどろどろに溶けたマグマオーシャンと呼ばれる灼熱のマグマに覆われていました。火山に見られる溶岩湖が拡がったような景色でしょう。誕生直後の地球はとても生物の生息できる状況ではありませんでした。

原始地球の表面は岩石が溶けたマグマの海で覆われ、水は水蒸気、雲として大気中に存在していました。そのうちに微惑星の衝突がおさまり、表面温度が下がってきました。地殻が形成され、水蒸気は雨として降り海洋を形成しました。

雨が降り注ぎ43〜40億年前頃に原始海洋ができたと考えられています。この頃に花崗岩（カナダ北部のアカスタ片麻岩）ができ、プレートができました。

酸素が発生し始めたのは、今から30億年から27億年ほど前の頃です。大量の鉄分が海に溶け込んでいました。

光合成を行うシアノバクテリア（藻の一種）が現れたため酸化鉄が沈殿し、縞状鉄鉱層（鉄鉱層と珪酸塩層などが互層状に堆積したもの）が形成されたとされています。この縞状鉄鉱石は先カンブリア時代の変成岩層中に胚胎し、大陸内陸地域に分布し、現在の私たちの社会生活に多用されています。

約27億年前には、マントルの対流が二層対流から一層対流へと変わり、プレートが拡大していき、次第に

地球創世期より火山活動

地球の創世期

- マグマオーシャン
- マグマの海に覆われる

海の形成 40億年前

- 原始海洋ができる
- 地殻ができる

27億年前

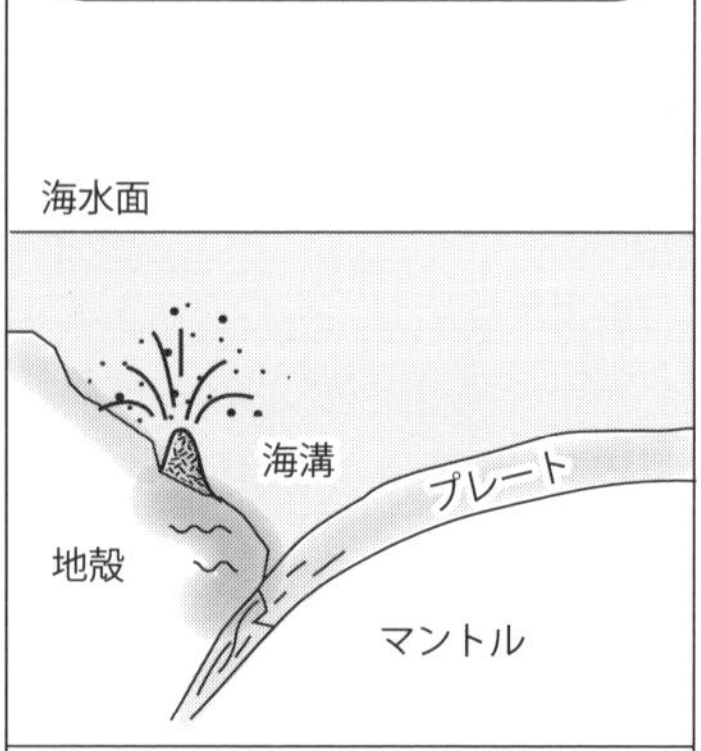

- 大陸の形成縞状鉄鉱層形成開始
- プレートが拡大、マントル対流

19億年前

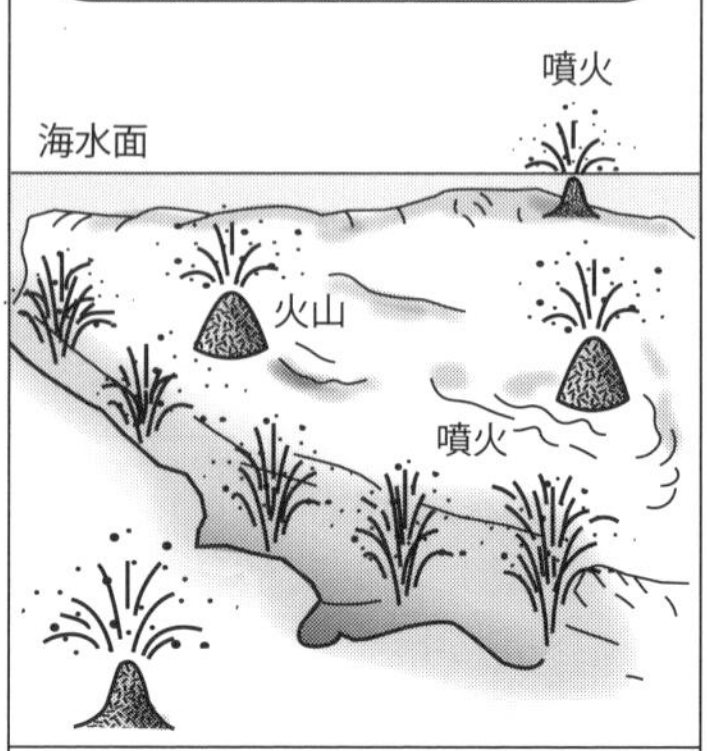

- 超大陸（ヌーナ大陸）の形成
- 火山活動活発化

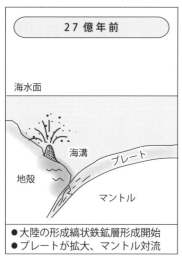

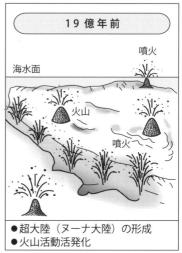

大陸が形成されていきました。激しい火山活動により大陸が急成長しました。

19億年前に、現在の北米大陸ほどの大きさだったとされる超大陸のヌーナ大陸が形成されました。

そして火山活動が活発化し、2度目の大陸の急成長が起きました。7億年前から5億年前頃には、3度目の大陸の急成長期となり、割れ目に沿って大量のマグマが地表に噴出しました。

地表から2900キロメートルの深さで核とマントルの境界付近から間欠的に発生する高温の上昇流のスーパープルームによって大量のマグマを生じました。この噴出は、古生代カンブリア紀（5億年前）以後何回か起きています。

また大陸地域で巨大な岩体の洪水玄武岩（地表が大規模に割れ大量の玄武岩溶岩が地表に流出）が繰り返し発生しています。非常に膨大な量の玄武岩質溶岩が噴出しています。

ロシア東北部中央シベリア高原のシベリア・トラップはペルム紀にこれがおこったものです、ほぼ西ヨーロッパ全土を覆い尽くす巨大な噴火でした。

南アフリカのカルー玄武岩はアフリカ大地溝帯の形成時期2億年前ごろです。デカン高原を覆う巨大な玄武岩台地はデカン・トラップと呼ばれ6700万年前の白亜紀の終わりにかけて起きたマグマ噴出で形成されました。

このように大規模噴火が古生代中生代を通して起こっています。新生代に入っても世界中で火山活動が続きます。

アイスランドのラキ火山は、1783年、長さ26キロメートルにわたり130の火口が生まれ、噴火しました。線状噴火（割れ目である構造線に沿っての噴火）です。陸上での中央海嶺の噴火です。

日本の火山の特徴でもある海溝へのプレートの沈み込みに関係した噴火は普賢岳、草津白根など日本の各地でおこっています。

またホット・スポットもハワイのキラウエア火山のように噴火活動が継続しているものもあり、大洋の下の中央海嶺でも噴火が続いています。地球は誕生以来火山活動を起こしています。

7 地震と火山の関係

「地震」は通常、活断層やプレートが動くことによって発生します。噴火に伴う場合、あるいは噴火していなくてもマグマの動きや熱水の活動等に関連して、火山の中やその周辺で発生する地震が、「火山性地震」です。

火山活動でマグマが上昇して起こる場合、圧力がかかり、温度も上昇し、地上に近いほど、水分が含まれているため、マグマで熱せられた水分が蒸発して体積が増し、圧力も高くなりマグマの通り道（火道）では岩盤が割れて地震が発生します。また火山付近では地震活動が一時的に活発化します。

大地震が起きると、噴火するという地震に関係した火山もあります。しかし大地震直後に噴火する火山が増加するという傾向は明確ではありません。

東日本大震災の後に、阿蘇山では北西山麓で地震活動が一時的に高まり、2014年から約20年ぶりの噴火活動に入りました。2015年9月には火砕流を伴う噴火も発生しました。

フィリピンのピナツボ火山の噴火（1991年）ではその前年に発生したフィリピン地震（M7・8）が誘発したものと考えられています。しかし、東日本大震災に誘発されたと見られる噴火はまだ起きていません。

また、過去に世界で発生したM9以上の地震は、地震後に噴火が起きています。

マグマ溜りが満杯になっていれば、地震が契機となり火山噴火を起こす可能性は高くなるようです。

火山では、マグマの発生、マグマの上昇、マグマ溜り、火道などマグマの通り道で火山性地震が発生します。

地震と火山

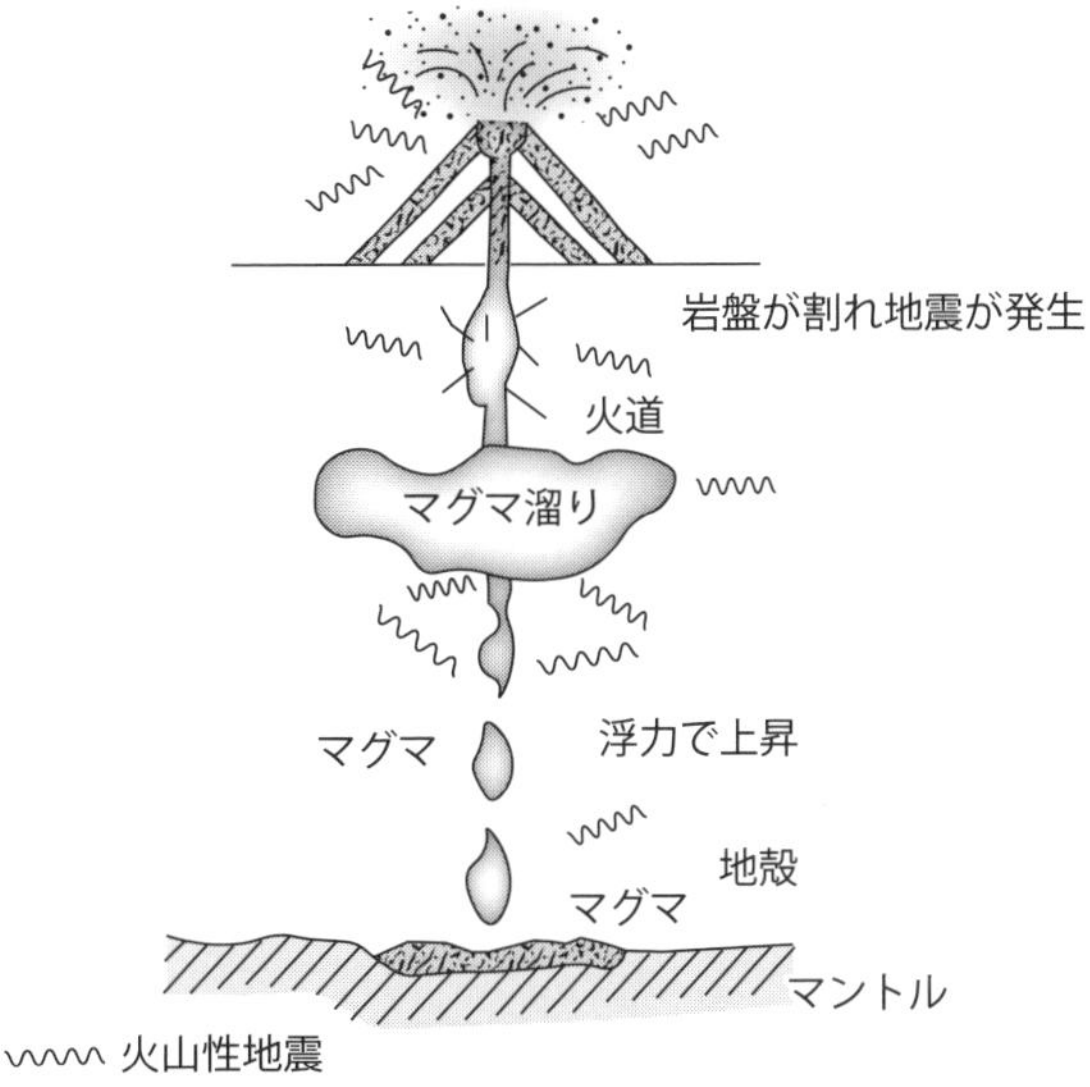

M9以上の地震の後に起きた噴火

火山名	噴火日	噴火規模＝火山爆発指数（VEI）
カムチャッカ地震	1952年11月4日　マグニチュード9.0	
カルビンスキ火山	1952年11月5日	噴火規模5
タオ・ルシィル火山	1952年11月12日	噴火規模3
ベズイミアニ火山	1952年10月22日～ 1957年3月1日	噴火規模5　これまで1000年近く活動無し
アリューシャン地震	1957年3月9日　マグニチュード9.1	
ヴィゼヴェドフ火山	1957年3月11日	噴火規模2　これまで200年噴火無し
オクモフ火山	1958年8月14日	噴火規模3
チリ地震	1960年5月22日　マグニチュード9.5	
コルトンカウジェ火山	1960年5月24日	噴火規模3
カルプコ火山	1961年5月25日	噴火規模3
アラスカ地震	1964年3月28日	
トライデント火山	1964年5月31日	噴火規模3
リダウト火山	1966年1月24日	噴火規模3
スマトラ地震	2004年12月26日　マグニチュード9.1（2005年3月28日 M8.4）	
タラン火山	2005年4月12日	噴火規模2
バレン島火山	2006年5月26日	噴火規模2
アナク・クラタカウ火山	2007年10月23日	噴火規模2

火山噴火予知連絡会藤井敏嗣の資料に基づく

Column

火山の国アイスランドの火口探検ができる火山

北海道と四国を合わせたほどの小さな国アイスランドは、日本と同じ火山の国です。しかし、日本は海溝の近くで火山活動がおこり、このアイスランドの火山は大洋の中で沸き起こります。アイスランドには活火山を含め130ほどの火山が存在しています。スリーフヌカギグル火山はそのなかの1つで世界でも珍しい火口に降り、火山のマグマ溜りの内部に入り、見ることができる火山です。首都のレイキャビクの郊外にあります。

スリーフヌカギグル火山は、4000年間休止状態で活動の兆候はありません。入り口となる火口はわずか4平方メートルで洞窟となっており底までは198メートルの深さです。底はサッカーのコートが入ってしまう程、また「自由の女神像」がすっぽり入るほどの大きさです。ゴンドラでこの巨大な洞窟の底へと降りて行きます。底から地下200メートル付近まで延びる火道がトンネルとなっています。

この洞窟はマグマ溜りで、かつてはマグマで満たされていました。ふつう火山の噴火が終焉するとき、残りのマグマは火口付近で固まり火山岩になります。したがって火口の下やマグマだまり行くことはできません。このスリーフヌカギグル火山ではマグマが地下へ後退したことにより、現在のような巨大な空間が残りました。世界でたったひとつの貴重な内部を見学できる火山です。2012年にそのマグマ溜りであった内部へ入ることができるようになりました。

第2章

噴火はどうやって起こるのか?

8 噴火はどのように起こるのか

地下にあるどろどろのマグマに火山ガスが溶け込みマグマが地下の浅いところまで上昇していきます。火山は溶けたマグマが噴出して形成された山ですが、地下からマグマが上昇していけば、急激に冷やされ、いろいろな大きさの火山岩や火山灰として火口から空中に放出されます。これが噴火です。

火口から出たとたんにマグマは溶岩と呼ばれます。火口から溶岩が様々な方向に様々な大きさの火山岩あるいは火山灰として放出されます。水平あるいは垂直距離100～300メートルの範囲を越えれば「噴火」として記録されています。

マグマを取り巻く周囲の圧力が低下すると、マグマの中の火山ガスは発砲します。マグマは軽くなり、地上あるいは海底まで上昇、噴き出します。すなわち噴火するわけです。

火山の下には、700～1200℃の液体のマグマが存在しています。マグマが地上や海底に出てくれば溶岩です。

噴火には幾通りかあります。噴火のうち、マグマやこれに由来する本質物質が地表に出てこない場合は水蒸気爆発と呼ばれます。水蒸気噴火ともいいます。火山を構成している岩石を砕き吹き飛ばします。

一方、マグマが直接火口から飛び出てくる場合がマグマ噴火です。後述するようにマグマ噴火は噴火の仕方でハワイ式噴火、ストロンボリ式噴火、ブルカノ式噴火、プリニー式噴火に分けられます。

2014年9月27日に長野県と岐阜県の県境に位置する御嶽山（標高3067メートル）で噴火警戒レベル1の段階でしたが、噴火しました。御嶽山噴火は、水蒸気爆発です。58名の犠牲者をだしました。

噴火の仕方

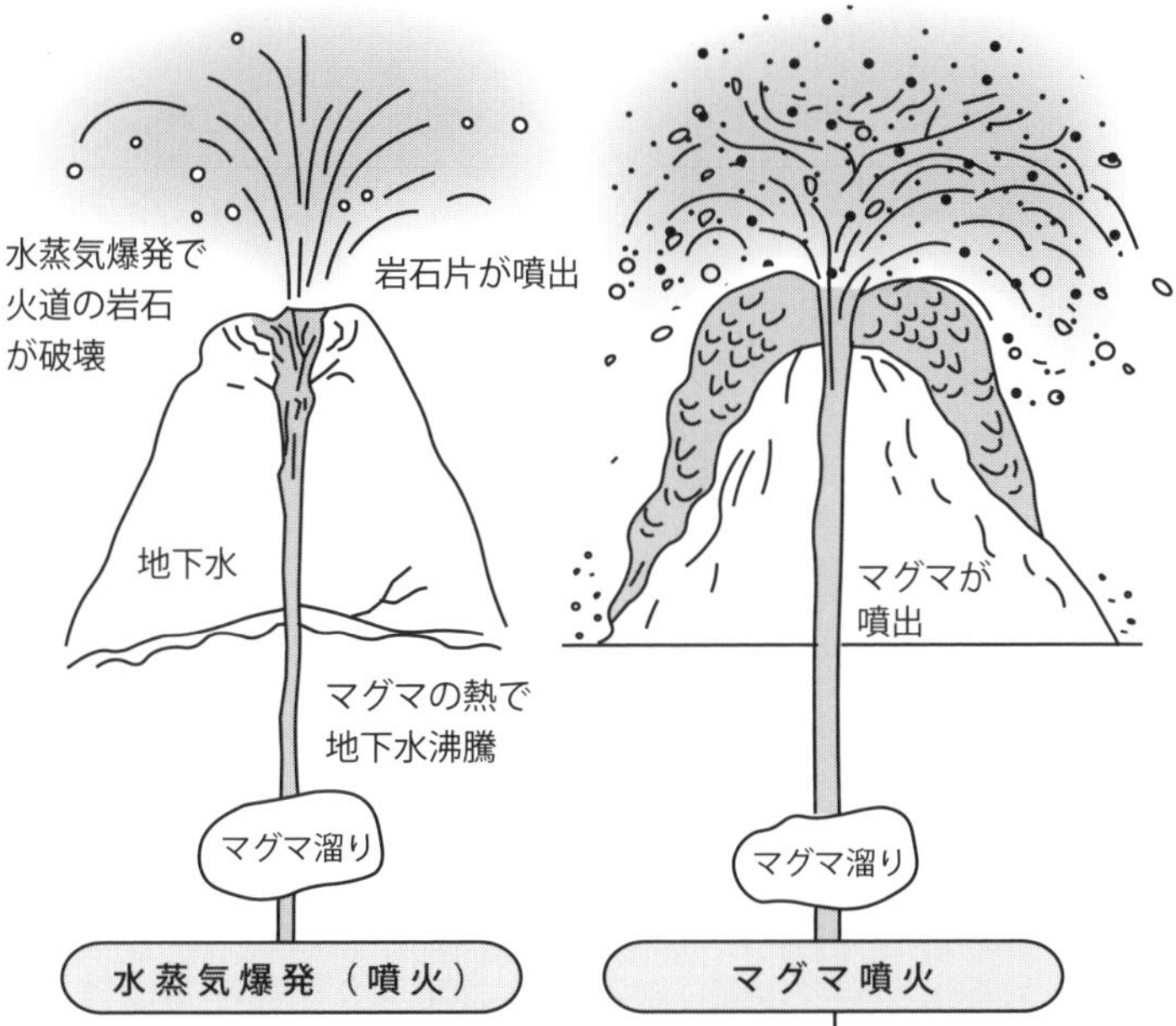

ハワイ式	ストロンボリ式	ブルカーノ式	プリニー式

低い	溶岩の粘性		高い
おだやか	噴	火	激しい
低い	噴	煙	高い
●大量の溶岩流 ●玄武岩溶岩 ●火山灰は少ないあるいは無 ●ハワイキラケエア	●爆発・間欠的 ●溶岩、火山弾、火山灰 ●玄武岩質、安山岩質 ●伊豆大島	●安山岩質 ●爆発 ●火山長時間噴出 ●桜島、浅間山	●流紋岩 ●大量の火山灰、軽石 ●火砕流 ●膨大な噴出物 ●ピナツボ火山

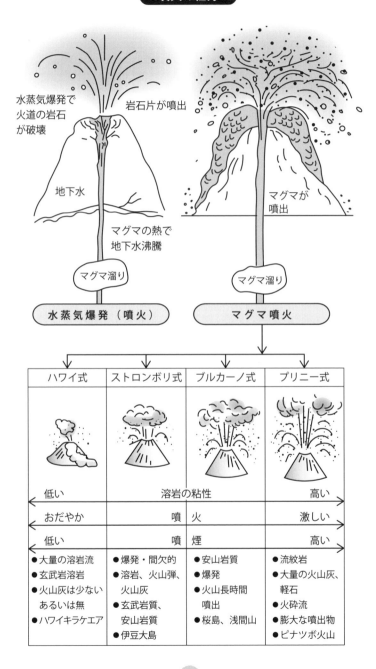

水蒸気爆発は、水が気化することで体積が急激に増加し、圧力が高まり、周囲の岩石などを巻き込んで噴火します。噴出物は山の地盤をつくっていた岩石です。熱水だまりがマグマの近くにあったため熱水が過熱し、急膨張し、噴出しました。降下した火山灰の大部分が地盤の変質岩の岩片でした。最初の噴火では火砕流も発生しました。しかしマグマ由来の成分は検出されませんでした。

一方、マグマ噴火は水蒸気噴火とは大きく相違し、溶岩や火山灰を大量に噴出します。ハワイ式噴火、ストロンボリ式噴火、ブルカノ式噴火、プリニー式噴火は噴火活動の形式で、火山の噴火には、すごい爆発をして、高く火山灰をふき上げる噴火や穏やかな噴火などがあります。

ハワイ式噴火は、ねばりの少ない玄武岩質のマグマが川の水のように流れ出る噴火です。ハワイのキラウエア火山が代表的火山です。

ストロンボリ式噴火は玄武岩や安山岩のマグマが間欠的で比較的穏やかに火口からふきあげあげるような噴火です。イタリアのストロンボリ火山から名前がとられています。

ブルカノ式噴火はねばりの強い溶岩の破片を遠くまで吹きとばす爆発です。イタリアの火山島ブルカノ火山が由来です。

プリニー式噴火はブルカノ式噴火よりはげしい噴火です。膨大な噴出物やエネルギーを放出します。噴煙は時に成層圏に達します。ベスビオ山は、イタリアにある火山でナポリ近郊にあった古代都市ポンペイを火砕流によって埋没させました。西暦79年です。地中に埋もれた遺跡は世界遺産です。日本でのプリニー式噴火は１７８３年に発生した浅間山の噴火です。

なお噴火の違いはマグマの性質や火山の場所に関係します。

一口メモ

噴火はその仕方によってハワイ式噴火、ストロンボリ式噴火、ブルカノ式噴火、プリニー式噴火に分けられる。

9 マグマにはでき方と性格がある

マグマは、地球を構成している固体（マントルや地殻＝岩石）で溶融し、液体になったものです。地球のマントルや地殻は主にケイ酸塩鉱物でできています。溶融したマグマもケイ酸塩主体の組成を持ちます。

火山活動の原料となるマグマはどのようにしてできるのでしょう。マグマのでき方には2種類あります。「ホット・スポット」や「海嶺」では、地下深部から上昇してきた高温のマントルが地表や海底に近づくと圧力が下がり、岩石だったマントルが溶融しマグマになります。

一方、日本のようにプレートが沈みこむところでは沈みこんだプレートや周囲のマントルの岩石はそのままでは溶けません。地中深くなると温度が上昇し、圧力も高くなります。しかし、水が加われば低い温度でもマントルは溶けます。沈みこんでいく海洋プレートは水をたくさん含んでおり、水がしみ出でてくるため高温、高圧状態のマントルや地殻を構成している岩石が溶けだしマグマが発生してきます。

発生したマグマは周囲の岩石より水分を含み軽いため浮力により地表に向かって上昇してきます。割れ目などがその通路となりますが、どんなところを通って上昇してくるのか、よくわかっていません。マグマはマグマ溜りに貯えられ、地表に噴出します。火山の噴火です。これが海溝沿いの火山となります。なおプレートが海溝に沈んでいき地下100キロメートル付近でマグマができると考えられています。

「さらさら」「ねばねば」などは粘性の表現ですが、マグマの性質である粘性はケイ酸（SiO_2）の含有量によって変わってきます。マグマはケイ酸（SiO_2）分の含有量により玄武岩質マグマ（45～52%）、安山

マグマの発生

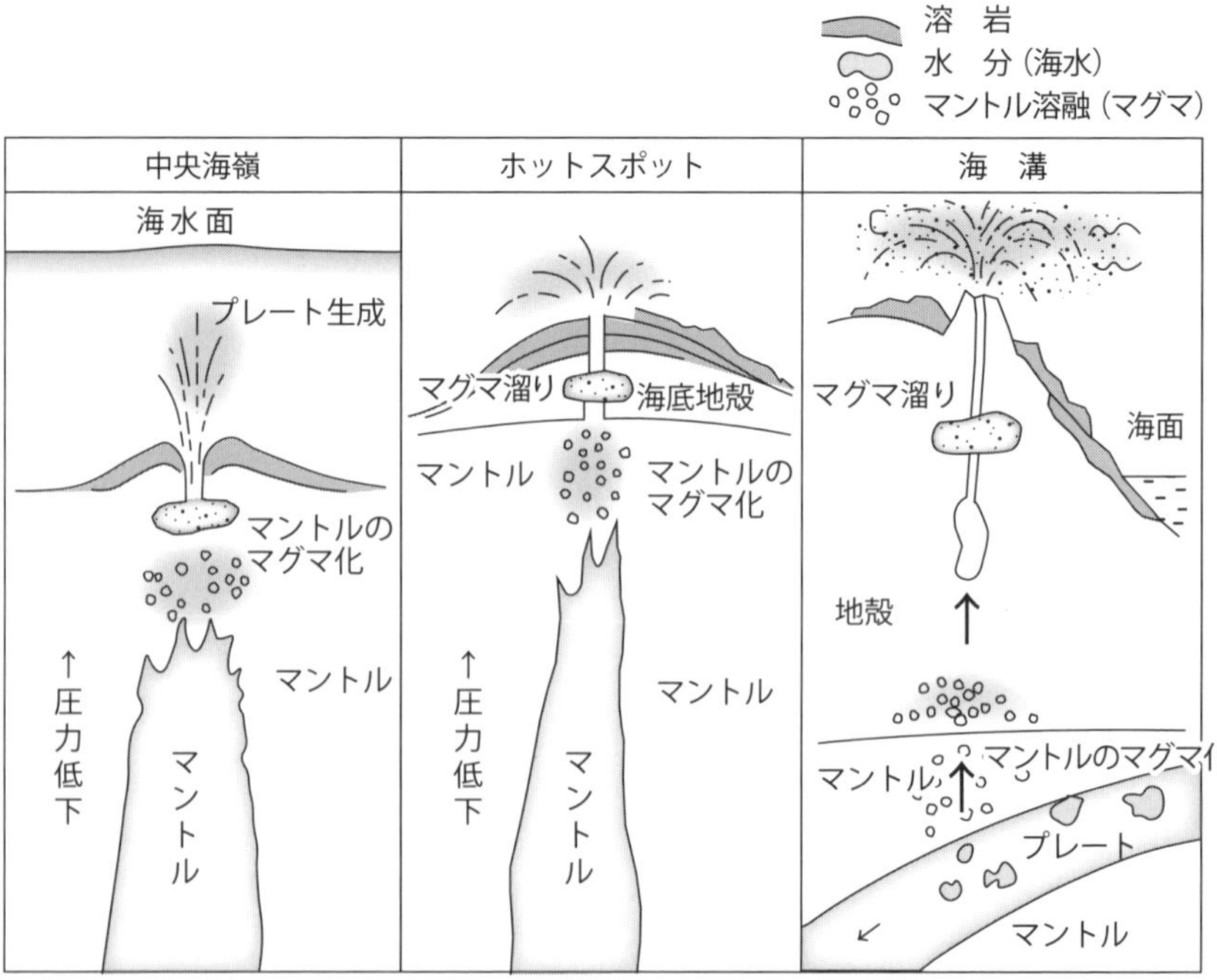

岩質マグマ（52～63％）、安山岩よりも流紋岩に近いデイサイト質マグマ（63～70％）、流紋岩質マグマ（70～77％）と区分されています。ケイ酸が少ないマグマはさらさらしていて、比較的おだやかに噴火します。

ケイ酸が少ないマグマほど温度が高く粘度が低く流動性があります。玄武岩質のマグマは噴出する時の温度が約１２００℃で流れやすい溶岩流となります。

マグマにケイ酸が多く含まれる流紋岩質のマグマは粘り気が強く噴出する時の温度は約７００℃、そのまま冷えて固まり溶岩ドームをつくることもがあります。日本の多くの火山は安山岩質です。

10 火山から出てくるいろいろな噴出物

火口から噴出する様々な物質は、マグマやその通ってきた道（火道）の岩石など様々な物質で構成され噴火時に火山噴出物として地表へ放出されます。放出は、火山ガスや温泉など気体や液体状態で噴出するものもあります。

すなわち気体、液体、固体で噴出し、噴火によって噴出した物質は火山放出物といいます。気体での噴出は火山灰が入った火山ガス、火砕流です。

火砕流は高温のマグマの細かい破片が気体と混合して流れ下る現象ですが、気体と固体粒子からなり、空気よりもやや重い密度流です。液体での噴出は溶岩です。そのほかは熱水泉や温泉です。

火山灰、火山礫、火山岩塊、軽石など火山砕屑物は固体で噴出します。これらの物質は噴火に直接関係するマグマ由来の本質物質と古い噴出物とか基盤岩などです。高温の火山ガスと混ざり一体化しており地面との摩擦が少なくなるため、火砕流は時速100キロメートルのスピード以上になります。

流紋岩―デイサイト質マグマは粘性が高く火山ガスが抜けにくいため、マグマが上昇し地表近までくると圧力が低下し発泡します。

液体―固体は粉砕され、ガスと混合した大量の火砕流となり火口から高速で流れ出します。

シラス台地（火山噴出物からなる台地）は、九州南部に分布する火山噴出物からなる火砕流台地です。火砕流堆積物が高温のまま厚く堆積すると火砕流が持つ熱で変形し溶結し、溶結凝灰岩になります。シラス台地の縁部は落差20～100メートル程度の急な崖となっています。

7300年前、鹿児島沖の鬼界カルデラの噴火では、

マグマの特徴

マグマの特徴項目	玄武岩	安山岩	デイサイト	流紋岩
粘　性	低 ←さらさら		ねばねば→	高
温　度	1200℃ ←		→	700℃
噴火の仕方	爆発少ない、無 ←		→	爆発
噴火の前兆	少ない ←		→	多い
岩石の色	黒色系 ←		→	白色系
SiO_2量%	45～52	52～63	63～70	70～77

火山砕屑物の粒度

粒　径　mm	火山砕屑物		岩　石
64以上	火岩岩塊		火山角礫岩
64～2	火山礫		火山礫凝灰岩
2～1/16	火山灰	火山砂	凝灰岩
1/16～1/256	火山灰	火山シルト	凝灰岩

火砕流

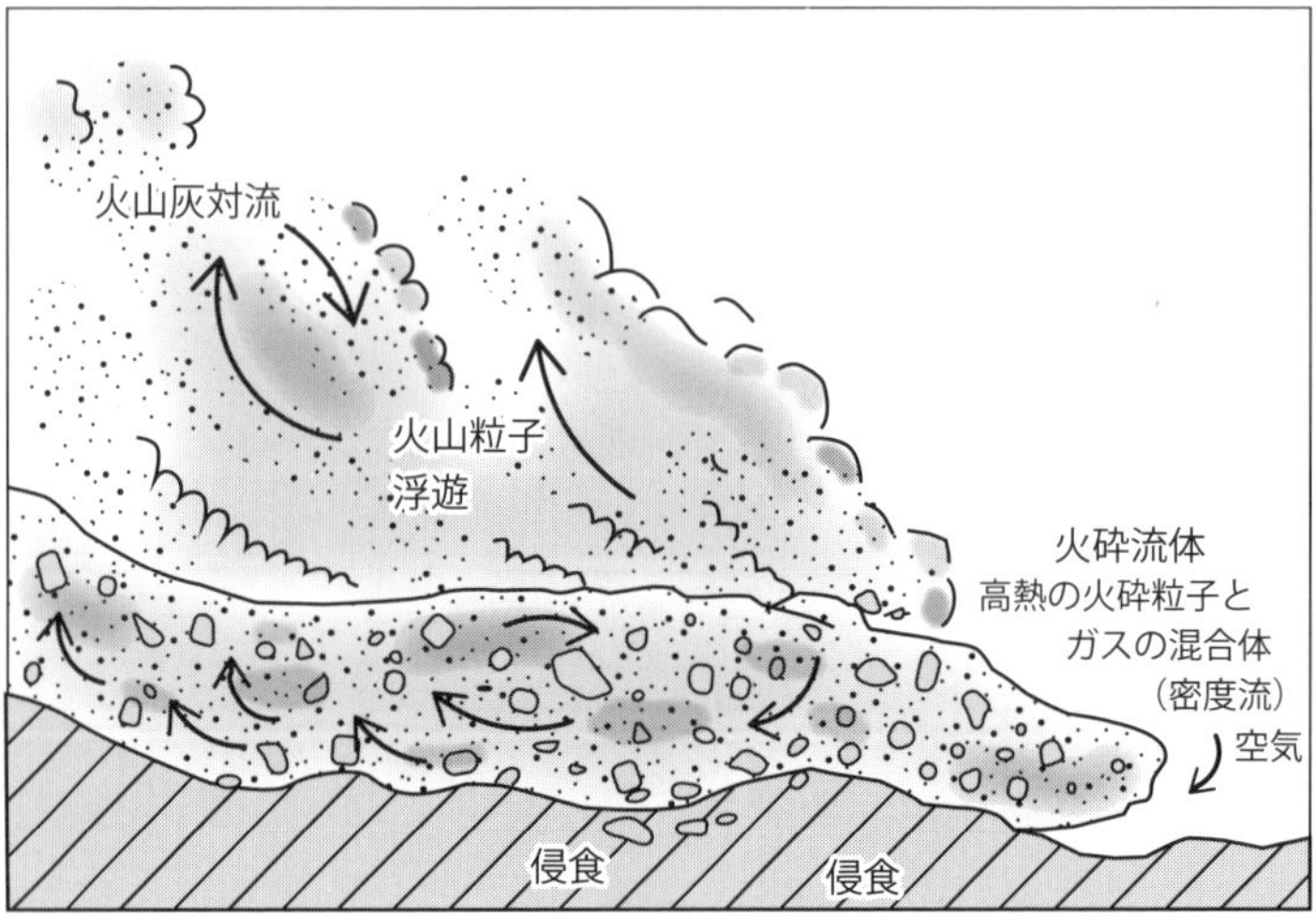

火砕流が海上を渡って本土・四国西端まで到達しました。

火山放出物はマグマが爆発の勢いで粉々に砕かれ、火砕物となります。火砕物（火山砕屑物）は、マグマの破片ということになります。破片や岩塊として放出される火山砕屑物は形態や大きさによって火山弾、火山灰、スコリア（岩滓）などに分類されています。

爆発的な噴火では、マグマは破砕されます。また砕屑物をテフラともいいます。テフラは、大きさにより、火山灰（直径2ミリメートル以下）、火山礫（れき）、火山岩塊（直径64ミリメートル以上）に分類されています。火山礫や火山岩塊は多孔質のもののうち白っぽく淡色のものが軽石で、多くは水に浮く流紋岩質です。一方、黒っぽいものはスコリアと呼んでいます。玄武岩質です。噴煙は何千、何万メートルと上昇するとテフラは風に流されながら落下し、重いものは近く、軽いものほど遠くまで飛びます。

このほか硫黄を流出するような噴火があります。火山灰などの火山噴出物が水を含んで、水によって高速で流されれば泥流です。発生する土砂や岩塊のなだれは岩屑なだれと呼びます。

地下から上昇してきたマグマが、破砕を受けずに、比較的静かに噴き出して地表を流れたものが溶岩です。火口から溢れ出し、流れだします。火口に留まっていれば溶岩湖です。これらは玄武岩質です。

地殻内部から火口に通じる、マグマや火山噴出物の通路を火道といいます。火道は、マグマによりマグマ溜りの岩石が破砕され、マグマが上昇し形成されていきます。硬く緻密な溶岩の岩体にマグマが貫入（地層や岩石内に入り込むこと）し火道を中心に板状になります。侵食作用により火道は地上に現れます。火道礫岩ともいい、一見堆積による礫岩と類似します。層状にも見えますから、基質とか礫の摩耗度（河川で削られた）、構成する礫の岩種などで判断されます。

一口メモ

火口から噴出するのは火山ガスなどの気体、温泉などの液体、火山灰や火山岩塊などの個体などいろいろなものがある。

11 地中のマグマが地上に出てくると溶岩となる

マグマと溶岩の違いは非常に単純な区分です。マグマは地中にありますが、溶岩は地上に出てきた場合の呼び方です。

マグマは高温の液体です。地球の内部で岩石成分や水などから形成されています。

一方、溶岩は噴火によって火山の火口から液体として地表に流れ出てきたものです。溶岩は、火山噴火時に火口から吹き出てきたマグマを起源とする物質のうち、流体として流れ出た溶融物質と、それが固まってできた岩石のことです。すなわち溶岩は液体の場合もあり、固体の岩石の場合も両方のことをいいます。

マグマが噴火などにより火山の火口から液体として地表に流れ出てきたものも溶岩です。

すなわちマグマは岩石などが熱によって流動状になったものでマグマが地表に出てきたら、液体でも固体でも状態は関係なく溶岩です。マグマは地殻内でもマントルでも発生します。中央海嶺では、実に地球上で発生するマグマの80％が生産されています

マグマは高温で液体であり、周囲の岩石よりも軽いので自然に発生場所から地殻の上部にまで上がってきます。

マグマは７００℃～１２００℃の高温の液体で、強い圧力がかかっているので、火山活動が活発な場所などでは地表まで上がり、噴火します。マグマはマグマ溜りで冷えれば深成岩と呼ばれる岩石にもなります。地表に出ていけば溶岩で火山岩です。マグマは水やガスなどの成分が含まれていていますから、水やガスなどが抜ければ溶岩です。

マグマは一般的に液体成分だけでなく鉱物結晶を含みます。マグマはその主成分であるケイ酸（二酸化ケ

溶岩とマグマ

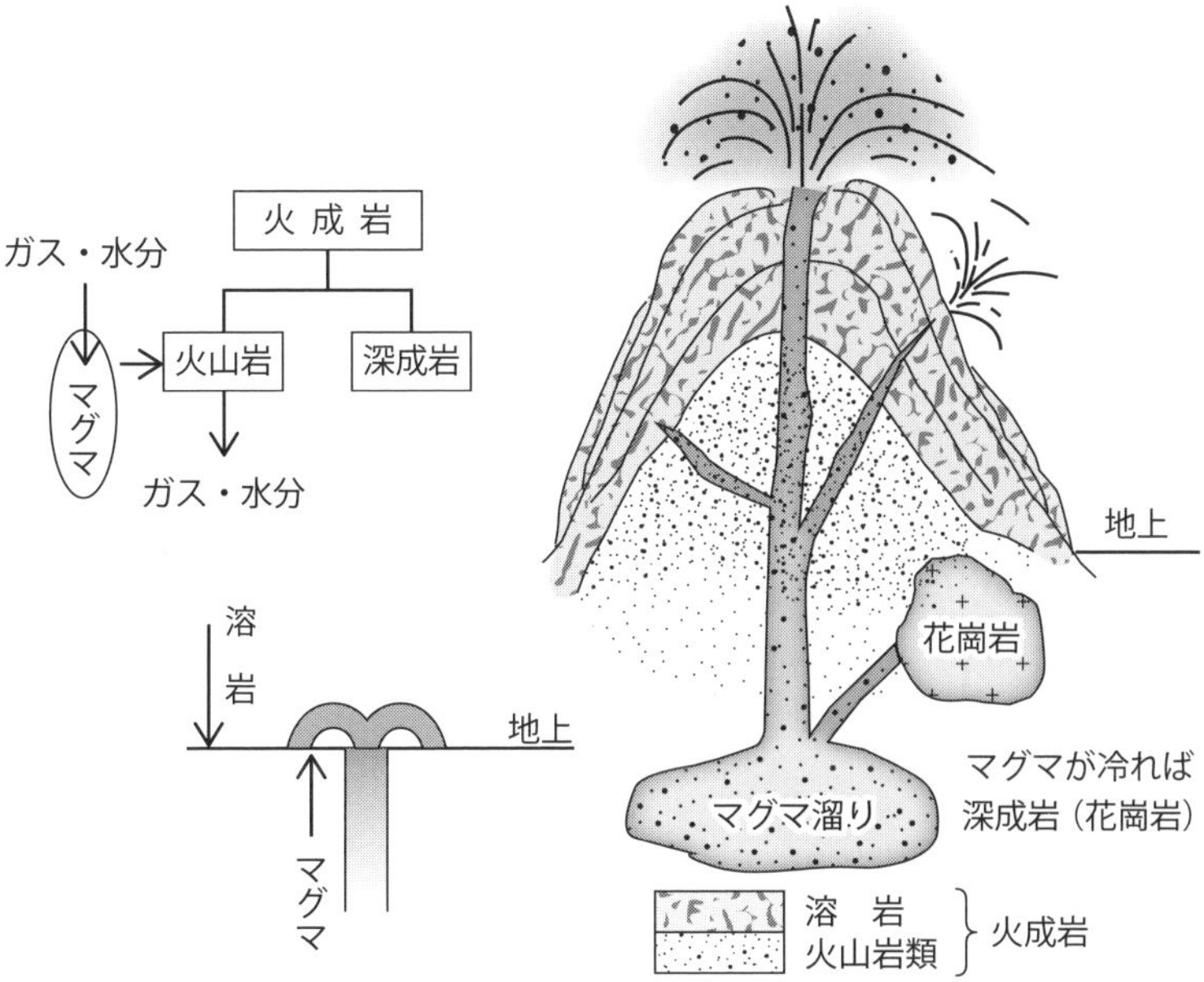

イ素）の含有量（重量％）によって大きく4種類に分類されています（火山岩であれば玄武岩、安山岩、デイサイト、流紋岩、深成岩であればかんらん岩、斑れい岩、閃緑岩、花崗岩）。

マグマが冷却固化すると火成岩になりますが、固化するときにはマグマに数％含まれていた揮発性成分（ガス）が抜けてしまっています（『岩石の科学』P39「火成岩のできかた」P40「火成岩の特徴と分類」参照）。

前述したようにマグマの生産量が一番多い場所は新しくプレートが生まれている中央海嶺で、玄武岩質マグマが生成されています。

次に生産の多いところは海洋プレートの沈み込み帯です。日本列島の周辺の海溝はその沈み込み帯です。ケイ酸の少ない玄武岩質マグマからケイ酸の多い流紋岩質マグマまで多様なマグマが生産されています。

12 海の火山も陸の火山も噴火は同じだ

大洋の中央海嶺には海底山脈がつくられていますが、海の中の海底火山は、陸上の火山より多く、たくさん存在しています。しかし海面下にあるため目に触れることはありません。

海底火山は陸上の火山と、噴火、噴出物などほとんど違いはありません。しかし、海底火山の周りには大量の海水が存在しているため、高い水圧がかかり、陸上の火山と比べると噴火規模はほとんどが小規模です。

海の中にあるため噴火の規模が違うだけで、海の火山も陸の火山も同じです。しかし、陸上の火山はマグマに含まれている水分が水蒸気となって膨張し、ときには爆発的な噴火を起こします。

深海底では高い水圧のため、爆発的な噴火は起きません。水深が10メートルであれば陸上の2倍の圧力がかかります。数千メートルの深海底であれば、海底火山には陸上の数百倍の圧力、数百気圧がかかります。

陸上の火山のようにマグマに含まれている水分が水蒸気となって膨張すると、比較的海底が浅ければ、爆発的な噴火を起こしますが、深海底は、高い水圧の環境のため、マグマ中の水分は水蒸気になれませんので、爆発的な噴火は起きません。

しかし、海底火山が水深数10メートルにある場合は、水蒸気となって膨張し、爆発します。それとともに、1000℃の高温のマグマが海水に触れれば、周辺の海水は瞬時に水蒸気となり膨張し、マグマ水蒸気爆発と呼ばれる爆発を起こしたりします。

噴火活動が活発であれば、山頂が海面から露出する火山島を形成します。しかし、島ができることはまれです。島になったりしても波に削られたりして、海面の下になり、簡単には島にはなりません。

海底火山の特徴

水深		特徴
浅海	水深数十m	・陸上と同様マグマに含まれている水分が水蒸気となって膨張→爆発（水蒸気爆発） ・1000℃の高温のマグマが海水に触れたとたん瞬時に水蒸気膨張、爆発 ・火山島を形成 ・海中にマグマが流出すれば枕状溶岩
深海	水深千m	・水圧のため噴火規模小さい ・陸上の数百倍の圧力（数100気圧） ・噴火活動活発　→　火山島形成 ・見ることはできない

海底火山

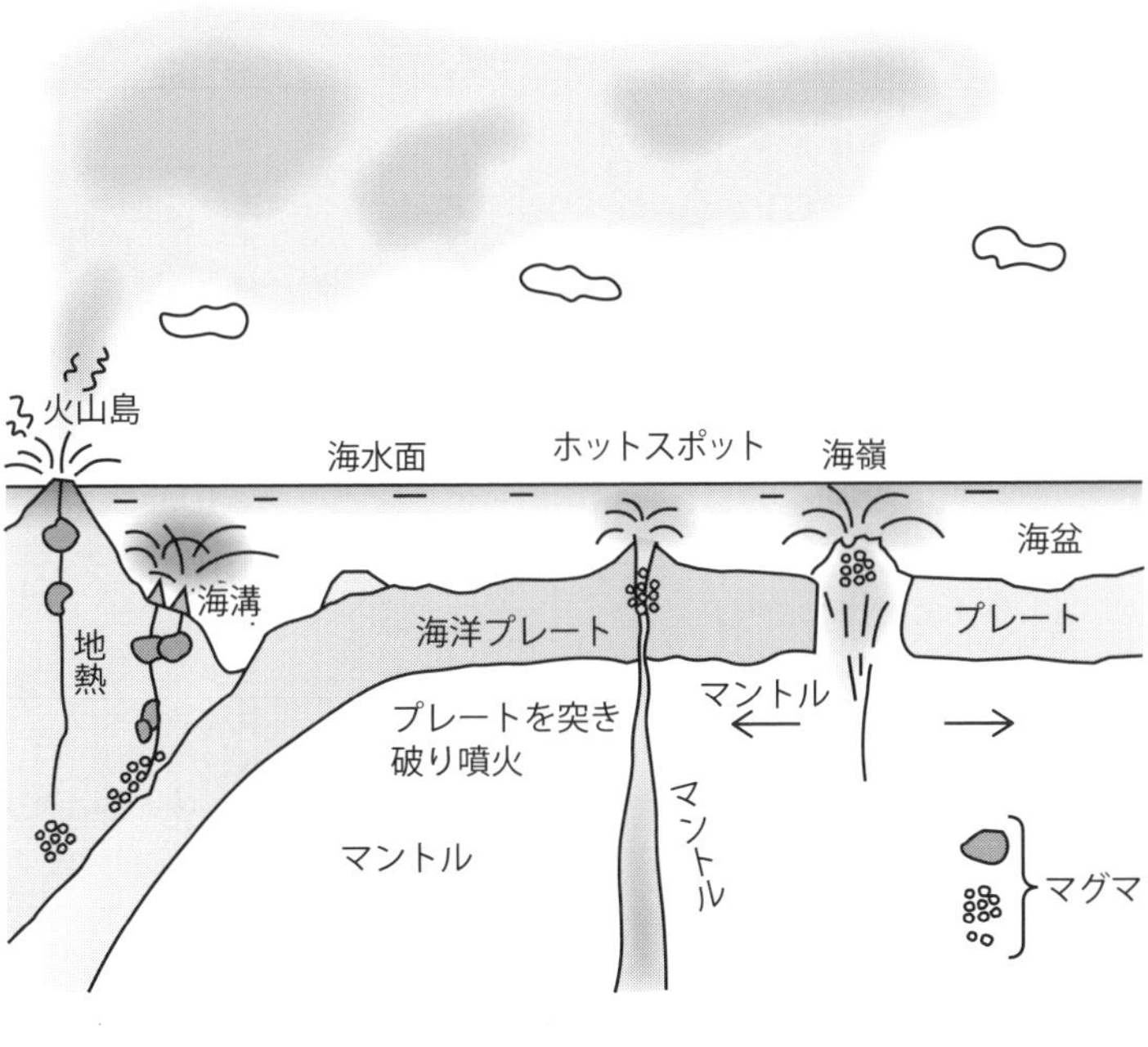

日本近海にある明神礁、伊豆東部火山群、鬼界カルデラ、西之島、海徳海山などが火山島です。

父島の西約130キロメートルに位置する西之島（東京都）は、2013年以降、噴火活動が続いています。面積が2・89平方キロメートル（2018年現在）、最高標高143メートル、海底比高4000メートル、直径30キロメートルの大火山です。富士山よりも大きな火山で安山岩でできています。

明神礁は東京の南方420キロメートルに位置するカルデラ地形の北東の縁にある海底火山で、本体の明神海山は、海底からの比高が約1600メートル、直径約7×10キロメートルの海底カルデラをもつ火山です。明神礁はこのカルデラの外輪山に形成されたカルデラ火山となっています。デイサイト質の溶岩を噴出する火山で、激しい爆発を起こし、1952年第五海洋丸が噴火に巻き込まれ沈没、乗組員31名が遭難しました。

ホット・スポットも多くは海底火山です。マントルで部分的な溶融が起こり、マグマが発生し、プレートを突き破って噴火し、火山活動が行われます。ハワイのキラウエア火山は約10万年前に海面上に顔を表し、火山島となり、火山活動が続いています。

海底火山は多様です。海底山脈をつくっている中央海嶺、ホット・スポット、海溝周辺と世界中にあります。海の色が火山灰や軽石などで変わり、火山噴火の兆候を示しますが、船の航路でもなければ、噴火があったのかどうかわかりません。

なお、海の中に噴出した溶岩は枕をごろごろと重ねたような枕状溶岩になります。

海底火山も基本的には地上の火山と同じなんだね。でも海の中だから噴火の規模は小さいんだね

13 なぜ、噴火が収まり、再び噴出するのか

数千年間も静かだった火山が急に噴火することもあります。

かつて噴煙をあげ活動している火山を「活火山」と呼びました。噴火しそうにない火山は「休火山」とか「死火山」に分類していました。しかし２０１４年、御嶽山のような死火山が噴火しました。そのためこの分類が見直されました。今ではこの分類は使われません。

１回の噴火は、短時間で収束する場合もあれば、再び噴火を始めたりします。さらに数月以上続く場合、断続的に数十年噴火活動している場合もあります。

また、長期間の噴火では、噴火様式が時間の経過とともに変化する場合もあります。噴出の初めでは揮発性成分が多く、溶岩や火山灰を高く噴出させていても、途中から揮発性成分が減り、溶岩を流出させて噴火が収束します。

火山地帯には間欠泉が観察されます。数分間隔、10分間隔のように定間隔で温泉を噴出させています。間欠泉の場合、地下の空洞に温泉水がたまり、その蒸気圧が空洞内で次第に上昇し、その圧力で地表に温泉水を勢いよく放出します。温泉水を放出し、収束すると、ある間隔を置いて再び温泉水が吹き上げられます。

火山の噴火も同様なメカニズムで、収束、そして再び噴火を繰り返していきます。しかし、マグマ溜まりが冷えてマグマが岩石になれば、噴火が終息と考えられますが、数年後マグマが上昇し再び噴火を開始することもありえます。

火山の下には複数のマグマ溜りがあると考えられています。一回の火山の活動期をみても火山活動の推移や噴出物質の組成が変化したりするため、複数のマグ

噴火の間欠、終息

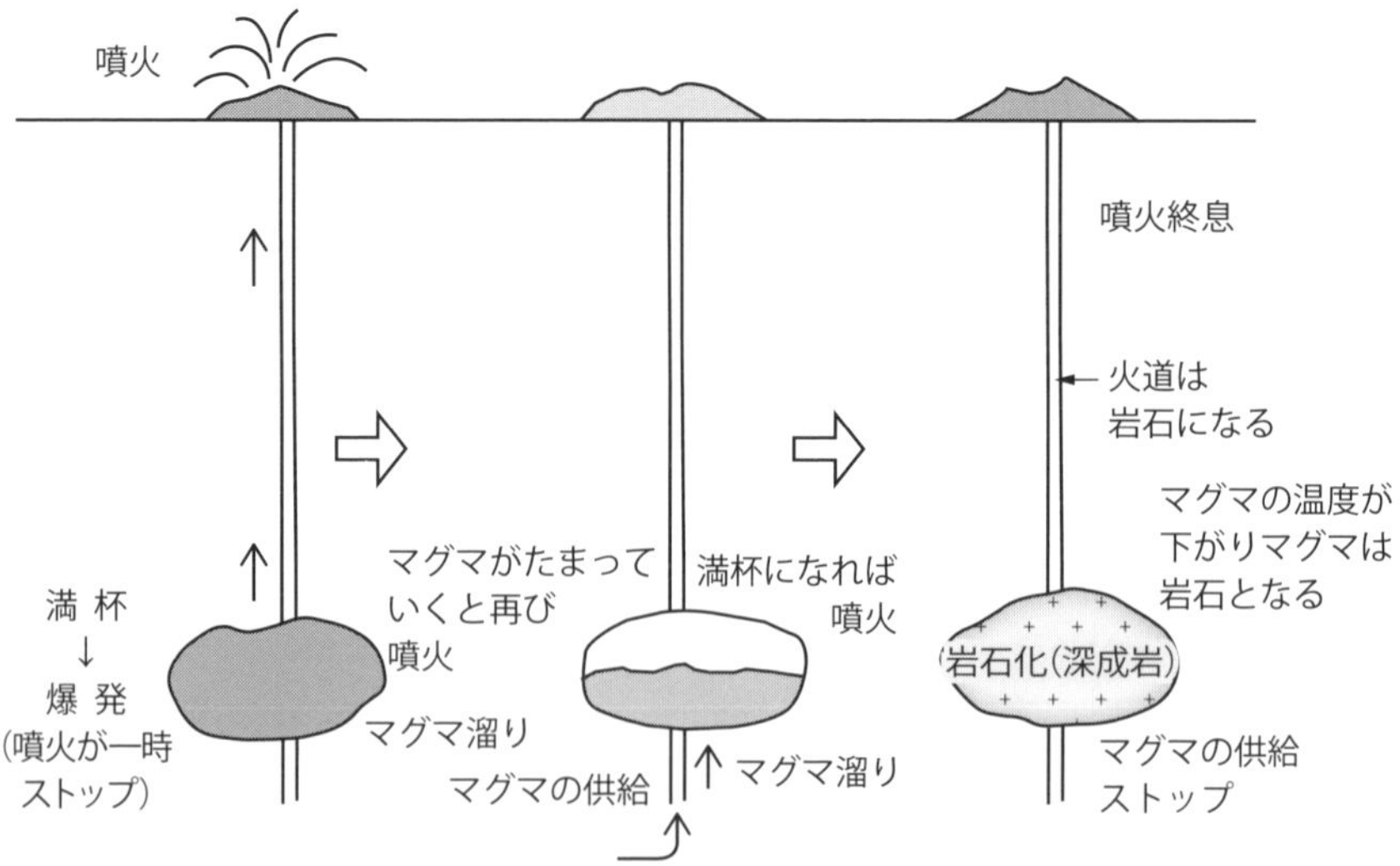

浅間山の噴火史

時 期	噴火の仕方	内 容
1108	大規模マグマ噴火	火砕物降下、火砕流溶岩流 VEI5
1128	大規模マグマ噴火	火砕物降下 VEI4
1532	噴火、泥流	積雪が融解泥流、人家道路破損
1534～1595	噴火、マグマ噴火	火砕物降下
1596	マグマ噴火	噴石で死者多数
1597～1777	毎年のように噴火	時々火砕物降下、農作物被害
1783	マグマ噴火、山体崩壊、泥流	火砕流、岩屑なだれ、鬼押出溶岩　死者1151人 VEI4
1803～1907	噴火、時々マグマ噴火	
1908～1914	噴火、時々マグマ噴火	爆発音大、1911年死者多数
1927～1932	マグマ噴火	家屋破損、降灰
1958～1961	マグマ噴火多発	農作物被害 VEI3
1981～2003	マグマ噴火、泥流	地震多発
2004	マグマ噴火	降灰、地震多発
2009	マグマ水蒸気爆発	小規模噴火多発

VEI　噴火指数

マ溜りの存在が考えられます。一つの火山が何回もの噴火をする場合も同様に推測されます。

物理探査によってマグマ溜りの存在、大きさ、形状を調査していますが、今のところマグマ溜りの存在の確認にいたっていません。

アイスランドでは、世界で唯一マグマ溜りを地下で見ることができます。マグマが地下深部に引いていった例です（コラム参照）。噴火の終息とともにマグマが下降し、マグマ溜りのマグマが下方の地下深部へと流出していき空っぽの大空洞となりました。しかし、なぜマグマが下降したか原因はわかっていません。

なお火山の活動史を見ると噴火の収束、再噴火の時期はよくわかります。

またアイスランドのラキ火山は1783年、地下水がマグマに触れて水蒸気爆発が発生し、長さ26キロメートルにわたり130もの線状噴火の火口ができました。しかし噴火は収束しましたが、その後プリニー式噴火、ストロンボリ式噴火、そして溶岩流を主体とするハワイ式噴火へと変わっていきました。

今では「休火山」とか「死火山」とかの分類はなくなったんだね。2014年にはそれまで死火山だとされていた、御嶽山が噴火したこともあるんだよ！

14 プレート・テクトニクスと火山の関係

プレート・テクトニクスと火山は密接に関係します。プレート・テクトニクスの動きによってマグマがつくられます。マグマが噴出し、火山活動が起こります。またこのプレートがマントルの対流によって移動していきます。プレートが海溝で沈み込んでいきながらマグマを発生させ、マグマが地表に向かって上昇し、マグマ溜りにいったん滞留し、その後噴火し、火山活動になります。

さらに地球にはマントルプルームという動きがあります。これは地下深部からマントルが上昇してくる動きです。核とマントルの境界からの熱いマントルが上昇してきます。これがプルームです。地震波トモグラフィー（地球内部を地震波を用いて観察する手法）によって推測されています。

マントルの中での固体の岩石の上昇ですが、周囲のマントルとの密度や温度差で上昇してくると考えられています。そしてプレートを突き破りホット・スポットといわれる火山活動の原動力になります。

地下２９００キロメートルのコア（核）とマントルの境界にはマントルプルームと関係するとされる高温の液体マグマの層の存在が考えられています。

マントルとコア（核）の境界からの熱いマントルは高温物質の上昇の流れで、パンゲアと呼ぶ超大陸を分割したりする構造運動であり、プルームテクトニクスと呼んでいます。プルームテクトニクスはマントル全体への重力による垂直運動です。これに対しプレート・テクトニクスは地球の表層１００キロメートル付近の水平運動です。

プレート・テクトニクスは地球を覆っている10数枚のプレートが移動し、大陸の下に潜り込んだり、プレ

プルームテクトニクス

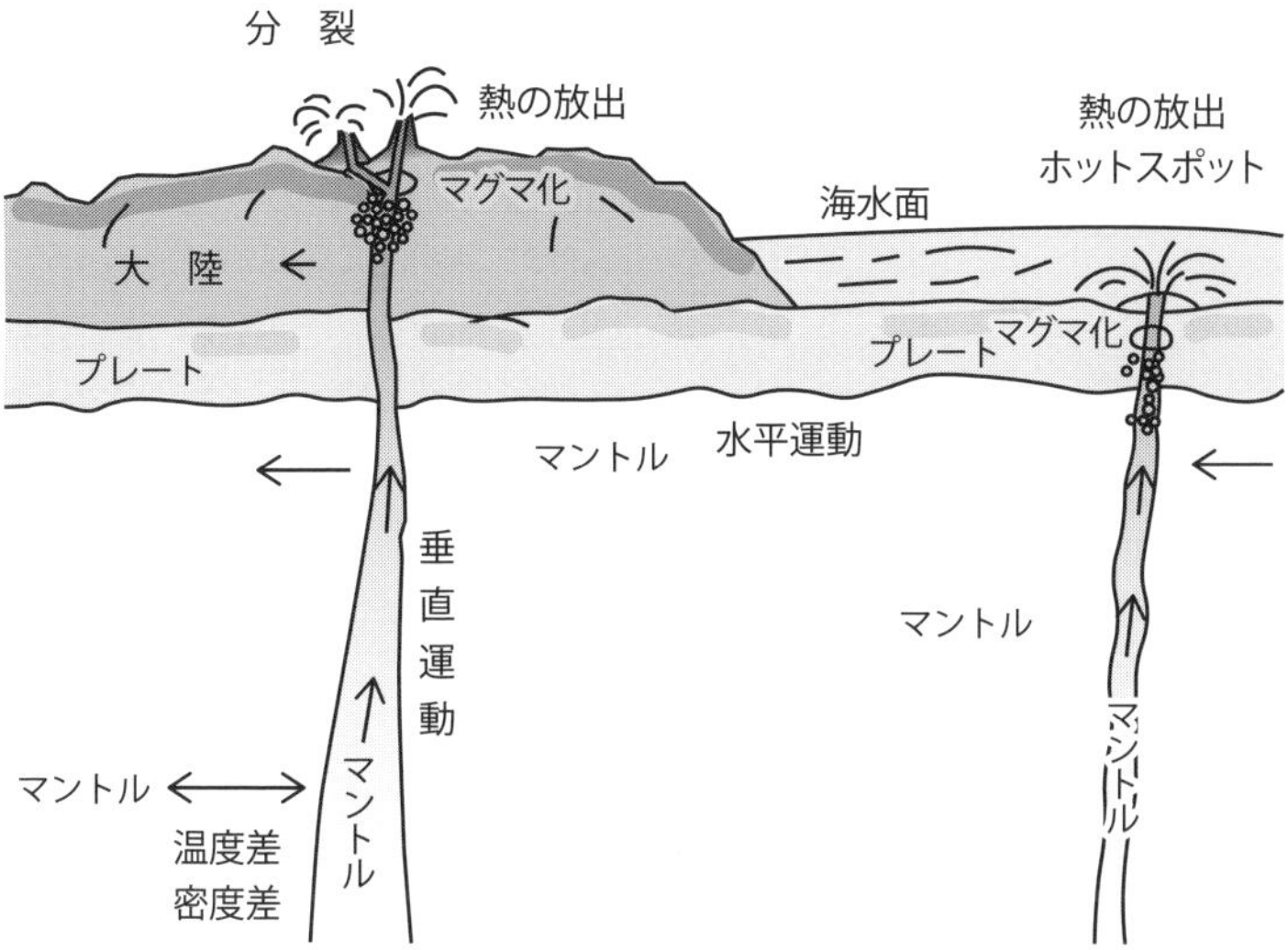

プレート・テクトニクス

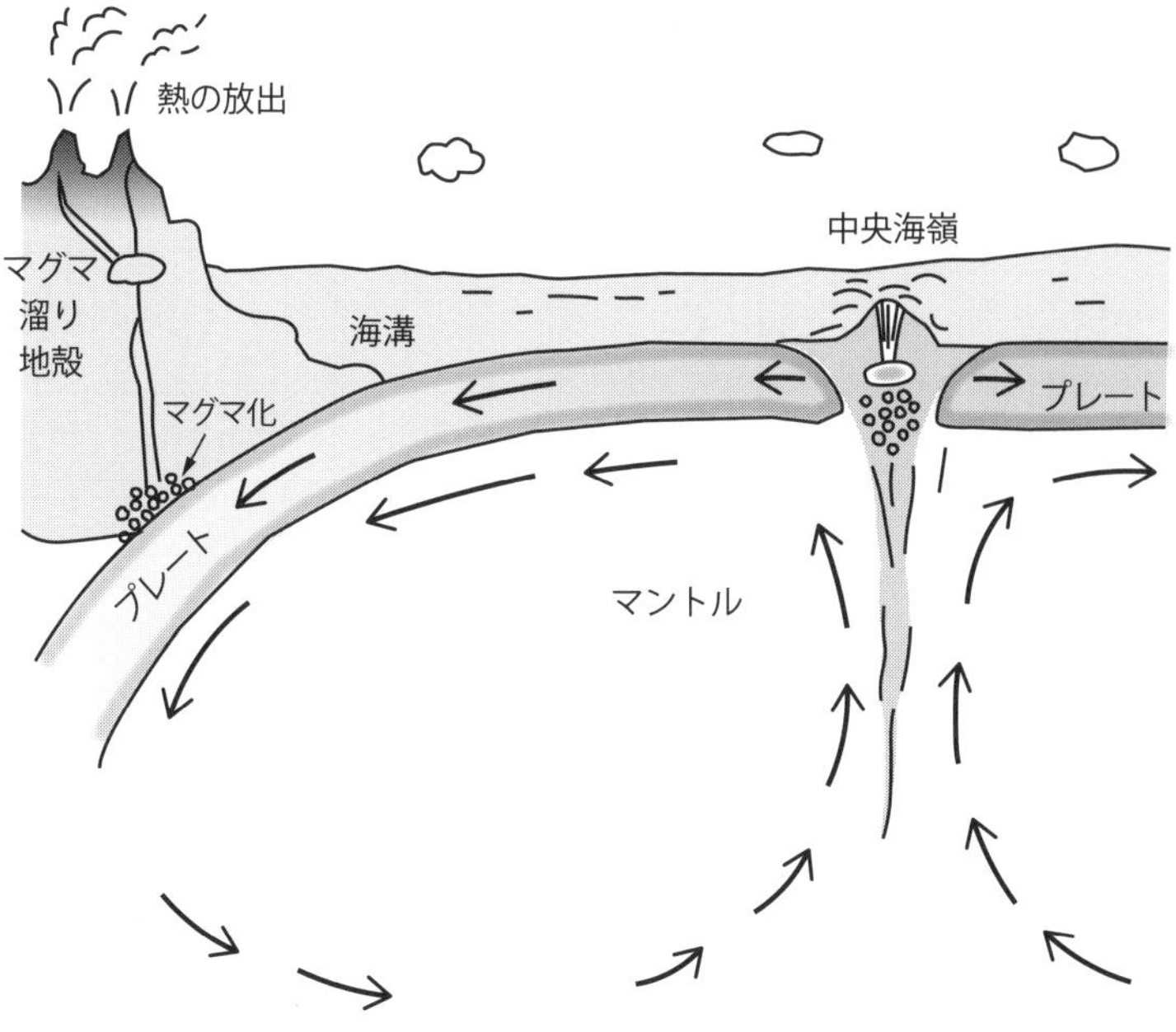

ート同士が衝突したりしています。

地球の中心部付近は５５００℃という高温の状態です。地球は巨大な熱機関といわれ、熱エネルギーを宇宙空間に放出しています。火山活動はこの熱の放出のシステムです。

プレート・テクトニクスは１９１２年アルフレート・ヴェーゲナー（１８８０年11月〜１９３０年11月、気象学者、ドイツ）が提唱した大陸移動説が基となって、地球上には一つの超大陸（パンゲア大陸）が存在し、これが中生代末より分離・移動し、現在のような大陸の分布（今も動いています）になったという考えです。しかし、「何」が大陸を移動させているか、明らかではありませんでした。

１９２９年にアーサー・ホームズ（１８９０年１月〜１９６５年９月、地質学者、英国）が発表したマントル対流説は、移動の原動力は、地球内部の熱対流によるものだ、という考え方です。

１９６０年代にロバート・ディーツ（１９１４年９月〜１９９５年５月、地球物理学者、米国）によって海洋底拡大説が提唱されました。

１９６０年代に海底山脈である中央海嶺が発見されました。地球内部から物質が上昇し、海嶺の軸となる谷から左右に溶岩が流れていきます。これが新しく海底の岩盤となるプレートです。次々に新しい岩盤がつくられ、中央海嶺の両側へ拡大していく、という海洋底拡大説です。

テュゾー・ウィルソン（１９０８年４月〜１９９３年４月、地球物理学者・地質学者、カナダ）はそれらすべてをまとめ、１９６８年にプレート・テクトニクス理論を完成しました。プレートは地殻と上部マントル上端の固い部分を合わせてた岩石圏です。こうして海洋底拡大説と大陸移動説は体系化されました。

海溝にプレートが沈み込むところで、火山ができます。プレートがつくられるところでも火山が生まれ活動が起こります。これらはプレート・テクトニクスに関係する火山です。またハワイ島のようにホット・スポットでおこる火山活動も、プルームテクトニクスに関係します。

どんな火山もこの２つのテクトニクスに深く関係し、地球内部の熱を放出する仕組みです。

第3章

火山はどんな場所にあるのだろう?

15 3つ火山活動の場所と噴火種類、形の特徴

地球はダイナミックな動きをしています。火山活動です。火山活動は、すでに2章でも説明しましたが、地球上の3つの場所で行われ、火山が生まれています。

「海溝型」のプレートの沈み込んでいるところ、「海嶺型」の大洋の海底下、「ホット・スポット型」の海山の3つです。火山活動は、地球上でこのように限定されたところで起こっています。

日本のように「海溝型」の火山が活発なところ、ハワイのように「ホット・スポット型」活動が起こるところ、大洋の海底火山山脈がつくられている「海嶺型」があります。

火山国の日本には「ホット・スポット型」「海嶺型」はありません。アイスランドも火山国ですが、「海嶺型」の火山です。

これらの火山の噴火については「マグマ噴火」、「水蒸気噴火」（2章8項）に加え「マグマ水蒸気噴火」に区分され、マグマ噴火は本質物質（マグマ）が直接地表に噴出する噴火です。

マグマ噴火はハワイ式、ストロンボリ式、プリニー式などとさらに区分されています。ハワイ式だけがホット・スポット型で他はすべて海溝型の火山です。ハワイ式は流動性が高く、静かに溶岩流が流れ続ける噴火で揮発性成分が少ないマグマが起こす噴火です。爆発は起こらず、大量の溶岩が流出します。

しかし海嶺型のアイスランドのラキ火山では地下水がマグマに触れて水蒸気爆発が発生した後、プリニー式噴火、ストロンボリ式噴火、と噴火活動が変化し、溶岩流が主体のハワイ式噴火へと変わっていきました。

噴火形式は、マグマの性質（成分の変化など）やマグマの量、噴火規模、水の含有量などで変化することも

三つの場所

三つの火山型	場　所	岩　石	形	分　布
ホットスポット	・大陸の分裂 ・火山島	玄武岩	盾　状 （なだらか）	ハワイ、タヒチ アフリカ大地溝帯
中央海嶺	・海洋底 ・プレートをつくるところ	玄武岩	盾　状	大西洋、太平洋 アイスランド
海　溝	・プレートの沈み込帯 ・大陸の縁、列島	玄武岩、安産岩 デイサイト、流紋岩	成　層 溶岩円頂丘	海溝周辺 火山帯

噴火形式の変化例（アイスランドラキ火山）

・マグマの性質
・マグマの量
・噴火規模
・水の含有

→ 噴火形式変化 → 水蒸気噴化 → プリニー式 →
→ ストロンボリ式 → ハワイ式

あります。

火山は形でも分類されています。成層火山は噴火を繰り返しながら溶岩や火山灰が層状に重なってできた火山です。山の裾野が広くなだらかになり、底面積の広い火山です。比較的流れやすい、粘性の低い玄武岩質や安山岩質溶岩の噴出・流動・堆積によって形成されます。富士山はこのタイプの火山の代表です。

溶岩円頂丘はドーム状の地形をつくります。溶岩に粘り気が多いために成層火山のように溶岩が流れ出ません。北海道の昭和新山は、この例です。

溶岩台地は、溶岩だけが噴出してできた台地です。デカン高原は巨大な溶岩台地です。洪水玄武岩ともいいます。火砕丘は火山活動で噴出した火山砕屑物が火口の周囲に積もって形成されます。楯状火山は多量の玄武岩質溶岩の噴出によって形成され緩やかに傾斜する斜面を持ちます。ハワイなどホット・スポットや海嶺上に分布します。

16 火山の種類と岩石の関係

地球は岩石の塊です。マントルが溶融し、マグマとなって噴火し、溶岩、すなわち岩石になります。火山は岩石を生み出していく機関でもあります。溶岩のような火山岩ばかりでなく火山灰や火山礫も堆積岩になっていきます。マグマが噴出せず、地下で冷えて固まれば、深成岩になります。

マグマの成分によって様々な種類の岩石が形成されます。火山の形は主として溶岩の粘性によって決まります。溶岩の粘性は二酸化ケイ素（SiO_2）の含有量で決まります。高温であるほど、二酸化ケイ素の入っている割合が小さくなり、粘性は小さく流れやすくなります。これが玄武岩の溶岩で形成された楯状火山をつくります。溶岩が広範囲に広がって傾斜の緩やかな火山を形成するのです。

成層火山は、円錐形の火山ですが、溶岩はやや流れにくくなります。岩石は主として安山岩です。

「溶岩円頂丘」は鐘状火山とも呼ばれます。固まった溶岩が押し出されて、盛り上がり丘のようなかたちをつくります。主な岩石は二酸化ケイ素の多い流紋岩です。

マグマは火道を通りながら周囲の岩石を溶融させ、溶かし混みます。するとマグマの成分が変わっていきます。マグマの成分、特に二酸化ケイ素が岩石の種類にかかわり、二酸化ケイ素が多くなりながら、玄武岩質→安山岩質→デイサイト質→流紋岩質となります。

またマグマの成分の相違は溶岩の岩質にも反映され、火山の形にも影響を与えます。海嶺は山脈をつくり、ホット・スポットは楯状火山に類似します。いずれも玄武岩です。

マグマ成分の変化

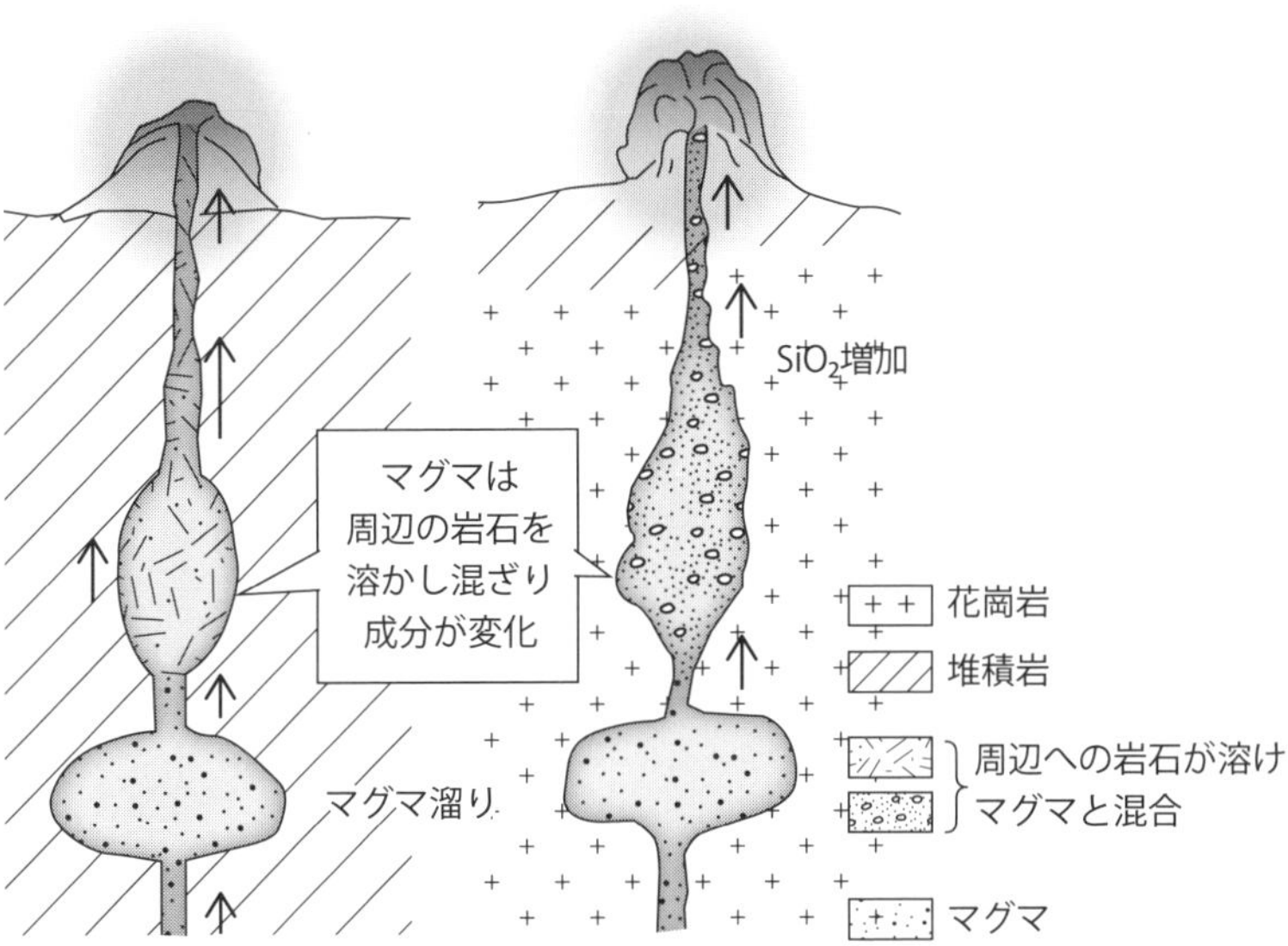

火山の形

分類名	盾状火山	成層火山	溶岩円頂丘
溶岩の粘り気	無・少 ←→ 強		
火山の形			

17 火山の種類と分布には関係がある

火山は世界中に分布しています。その分布は3つの場所「海溝型」「海嶺型」「ホット・スポット型」に限定されて分布しています。

「海溝型」では、大陸の縁、変動帯に形成される火山ですが、プレートの沈み込む海溝付近に分布しています。二酸化ケイ素が多い火山で特徴づけられます。成層火山、溶岩円頂丘などの火山です。日本海溝、千島海溝、伊豆・小笠原海溝などの周辺です。

「海嶺型」は、大洋の海面下で水深も2000メートル以上ありますから見ることはできません。唯一海嶺が海面上に顔を出した状態がアイスランドで見られます。割れ目噴火の火山やなだらかな傾斜の火山です。ほとんどが玄武岩です。地下深部からマントルが上昇し、マグマが生成され、新しい玄武岩質マグマが次々に供給されます。マグマは海底で固まり、海洋地殻となって海嶺の両側に移動していきます。大西洋中央海嶺は、大西洋中央部を南北に貫いています。東太平洋海嶺は太平洋の中央、オーストラリアと南米大陸の間に分布しています。このほか海嶺は大洋の様々なところに存在しています。

「ホット・スポット型」はハワイ諸島、タヒチ島、イースター島、アフリカ大地溝帯、セント・ヘレナ島など各所に分布しています。陸上のリフトバレーの代表的なものがアフリカ大地溝帯です。火山活動を伴って東西に拡大しつつあります。アイスランドと同じようにホット・スポットと海嶺の特徴をもちます。いずれも玄武岩の火山です。地下深部からマントルが上昇してきて溶融し、マグマとなって噴火し、多くは火山島を形成しています。

地表の特定箇所に、継続的に大量のマグマが供給さ

榛名山　溶岩円頂丘

世界の火山の分布

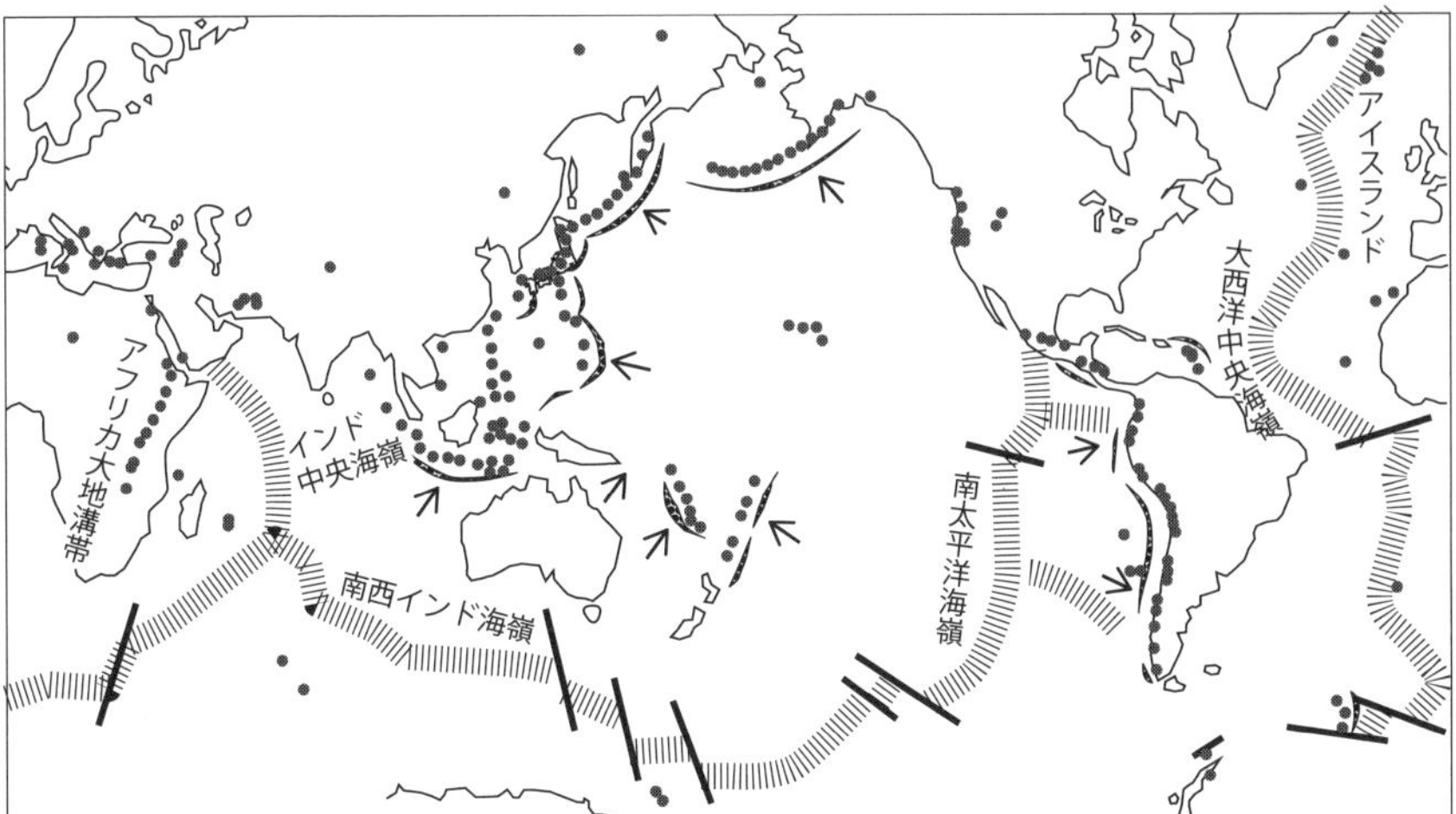

中央海嶺　海溝

活火山　海洋プレートの沈み込み方向

断層

ホット・スポットの分布

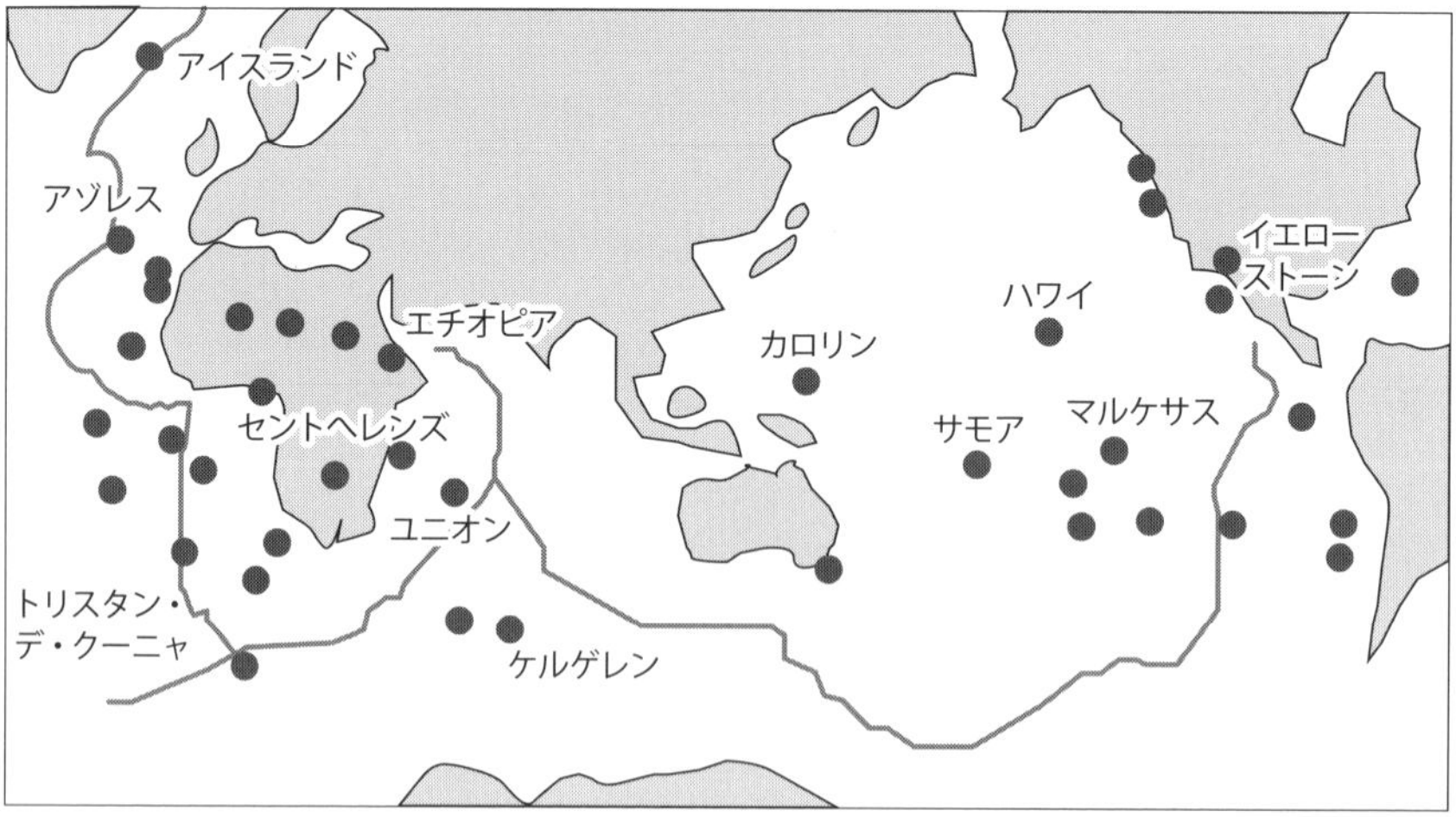

Crough, (1983)

れる場所であるホット・スポットの位置は、プレートの動きとは無関係に一定しており、噴火が終息するまで移動しません。

このほか火山はアジア大陸内陸などに点在しています。ヒマラヤ造山帯にも火山が存在します。中国とロシアとの国境の近くある五大連池火山は18世紀に噴火した玄武岩質の火山で含水マントルプルームが起源と考えられています。中国と北朝鮮との国境にあり10世紀に巨大噴火を起こした直径5キロメートルのカルデラをもつ白頭山火山の火山灰は日本の東北地方にも降り注ぎました。内モンゴル自治区にも玄武岩の火山が分布します。

このように火山は大多数が3つの場所に存在しますが、そのほかに散点して僅かに分布しています。

日本には1万年以内に噴火した火山及び現在活発な噴気活動がある火山が111存在しています。分布は海洋プレートの沈み込む海溝の位置と平行している海溝型の火山です。日本は世界でも有数の火山大国で、世界の活動している火山の7%を占めています。

18 噴火の規模は何に関係するのか

噴火の規模は、噴出量と爆発性で表されます。噴出量は、マグマの量です。マグマの噴出量が100億トンであれば最大級の大噴火です。これは火山灰や溶岩の量です。

爆発の強さは、大量の軽石や火山灰が火山ガスからなる噴煙柱の高さが熱エネルギーの量に対応します。噴火には、爆発を伴わない溶岩流を出す噴火もあります。巨大噴火は、一般に噴出量も多く爆発性も高くなります。

1982年に米国地質調査所のクリス・ニューホールとハワイ大学のステフェン・セルフが提案した火山爆発指数が火山の爆発規模の大きさを示す区分として使われています。1度の噴火に基づく0から8の区分で、8が最大規模です。

爆発の大きさの指標である指数8は、破局噴火で、1000立方キロメートル以上の噴出量です。1万年に1回発生します。

指数7も破局噴火で噴出量は100立方キロメートル～1000立方キロメートルで、噴煙の高さは25キロメートルに達します。1万年に5回ほど発生します。

指数6は、10立方キロメートル～100立方キロメートルの噴出量で、超巨大噴火です。1万年に39回ほど起こります。

指数5は巨大噴火で噴出量は1平方キロメートル～10平方キロメートルです。1万年に84回発生します。

指数4は大規模噴火で噴出量は、0・1立方キロメートル～1立方キロメートルで噴煙は10～25キロメートルの高さに達します。1万年に278回発生します。

指数3は1000立方メートル～0・1立方キロ

噴火指標（指数）

VEI	噴出量	規　模	噴火頻度	火　山　名
0	10^4m^3	非爆発性	毎　年	
1	10^5m^3	小規模	毎　年	ストロンボリ
2	10^6m^3	中規模	毎　年	三宅島（2000）、有珠山（2000）
3	10^7m^3	中大規模	866回／1万年	伊豆大島（1986）、雲仙岳（1980）
4	10^8m^3	大規模	278回／1万年	桜島（1914）、浅間山（1739）
5	10^9m^3	巨大	84回／1万年	富士山（1707）（宝永大爆火）
6	$10^{10}m^3$	超巨大	39回／1万年	ピナツボ（1991）
7	$10^{11}m^3$	破局、超巨大	5回／1万年	鬼界カルデラ（7000年前）、阿蘇山（9万年前）
8	$10^{12}m^3$	破局、超巨大	1回／1万年	イエローストーン、トバ湖（インドネシア）

Newhall & Self（1982）

VEI　火山爆発強度指数（指標）

メートルの噴出量でやや大規模な噴火で、噴煙の高さは3～15キロメートルです。1万年に866回起こります。

それ以下が指数2、1で1000立方メートル以下の噴出量で1万年に3477回以上起こり、中～小規模の噴火です。指数2～0は毎年のように噴火が引き起こり、とくに指数1と0は100万立方メートルの噴出量で穏やかな噴火であり、小規模な爆発か非爆発性です（『天変地異の科学』項目40参照）。

マグマが冷えていけば、マグマの一部は固体の鉱物の結晶になります。マグマ中の火山ガスは、残った液体のマグマに濃集していきます。火山ガスがマグマにとけ込みうる許容量を越えれば、発泡してマグマが噴出します。

海溝型火山は大規模、中規模火山であり、同じ火山が噴火を繰り返します。マントルに関係する火山はホット・スポット型や海嶺型ですが、噴火が小規模で、いつも溶岩を流出させている火山です。

19 カルデラはどんな噴火でできるのか

カルデラはしばしば大噴火でできます。しかし、今カルデラができるほどの火山はみられません。

カルデラはどのようにできるのでしょうか。カルデラとは、火山の活動によってできた大きな凹地です。スペイン語に由来していて、「大鍋」という意味です。スペインのカナリア諸島でカルデラが研究されました。

スペインにあるカナリア諸島のテネリフェ島は大西洋の火山島で溶岩台地の楯状火山の上に形成された成層火山のテイデ山（標高3、718メートル）が聳えます。15万年前の噴火活動によってできたカルデラは、長い所で東西15キロメートル、南北10キロメートルの巨大な凹地になっています。標高2000メートルでカルデラと呼ばれています。テイデ山とその周辺は、「テイデ国立公園」で世界遺産に登録されています。

カナリア諸島にはホット・スポットと呼ばれる大きなマグマ溜りがあります。カルデラは、本来は地形的な凹みを表わしていましたが、火山で見られる大型（直径約1キロメートル～数十キロメートル以上）の凹地（一般に直径は数キロメートル～数十キロメートル）や比較的大きな火山の火口や火山地域の盆地状の地形もカルデラといいます。今では成因も意味する使い方がされるようになっています。

過去にカルデラが形成されたものの、現在は侵食や埋没によって地表に凹地として地形をとどめていない場合もカルデラと呼んでいます。

カルデラは多くは大規模な噴火の結果できます。火山灰、火砕流、軽石、溶岩など「火山噴出物」を大量に噴出し、マグマ溜りが空洞となり、支えを失った上の部分が崩れ落ち、地表が陥没し、陥没カルデラが形成されます。陥没カルデラの火山の中心にできた

カルデラのでき方

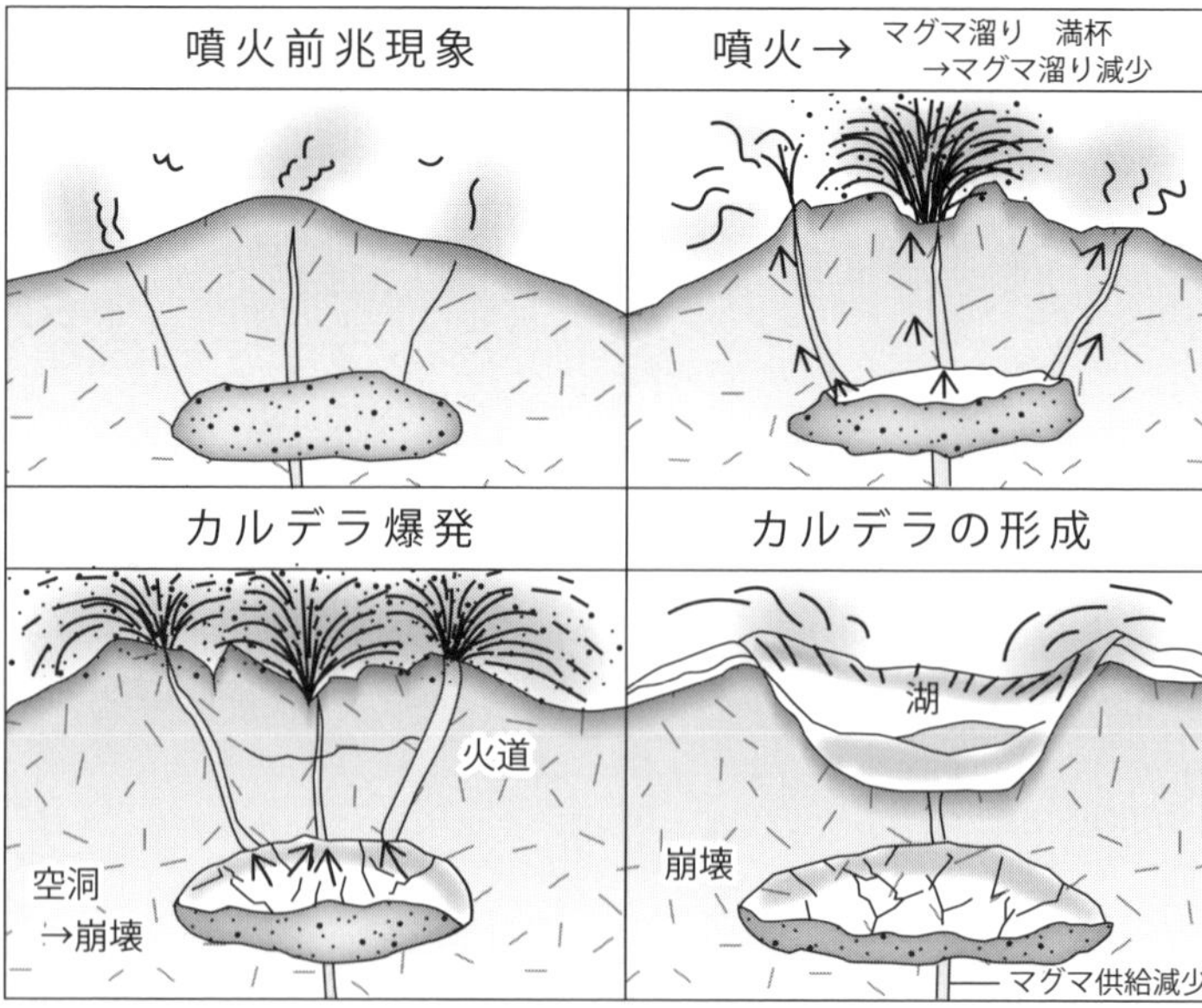

カルデラ火山

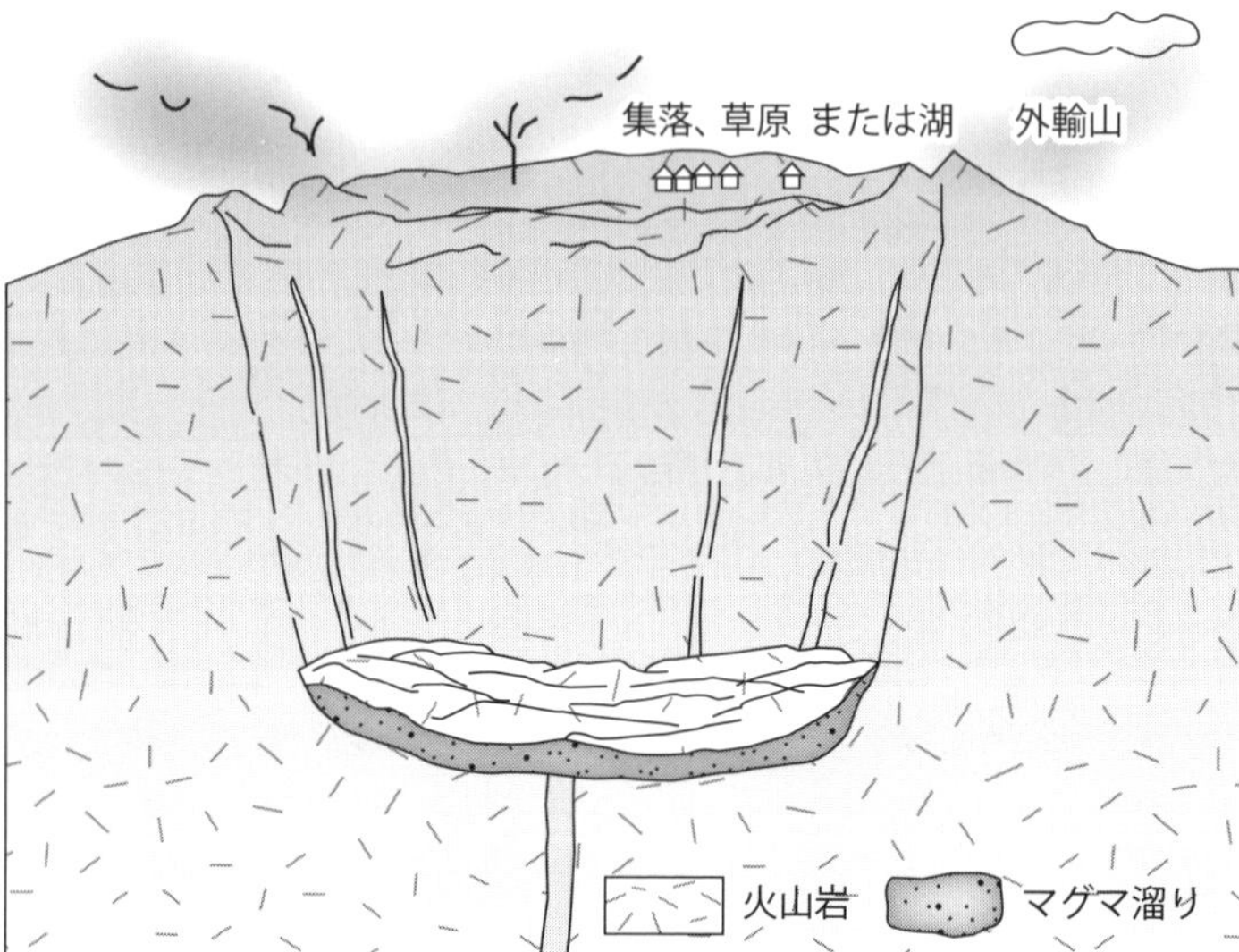

凹地がカルデラとなります。阿蘇山やカルデラの多くがこのタイプです。

爆発カルデラは、大噴火や水蒸気爆発によって山体が破壊されて形成されます。磐梯山がこのタイプです。

侵食カルデラはふつうの火山が侵食によって削られ火口が大きく広がった火山です。

九州中南部では過去数十万年にわたって巨大噴火が繰り返されカルデラが形成されています。阿蘇カルデラ、姶良（あいら）カルデラ、鬼界カルデラ、阿多カルデラ、加久藤カルデラ、千々石（ちぢわ）カルデラなどです。最大の噴火は9万年前の阿蘇カルデラです。最新のカルデラ噴火は7300年前鬼界カルデラで縄文時代早期末ですが、縄文文化が埋没しました。

このほか、北海道の屈斜路カルデラは東西約26キロメートル、南北約20キロメートルの日本最大のカルデラで今はカルデラ湖です。約12万年前と約4万年前に大規模な噴火を起こしました。

支笏カルデラは4万年前の大噴火によって形成されました。火山灰は十勝平野を覆いました。

洞爺カルデラは11万年前の大噴火で形成されたカルデラ湖です。

十和田カルデラは2・5万年前と1・3万年前の大噴火によって形成されたカルデラ湖です。

阿蘇カルデラは屈斜路カルデラに次ぐ日本で2番目に大きなカルデラですが、知名度では阿蘇カルデラの方が上です。阿蘇は26・6万年前、14・1万年前、13万年前、9万年前に大噴火を起こしています。この9万年前の噴火では日本全域に火山灰を降らせ、火砕流は山口県の秋吉台まで到達しています。鹿児島県の姶良カルデラは現在の桜島付近で始まった2・9万年前の大噴火によって形成され、火砕流によって南九州の旧石器文明は滅亡しました。またシラス台地を形成しています。

日本列島では1万年に一度の割合で破局噴火となるカルデラ噴火が起こってきました。

破局噴火は、地下のマグマが一気に地上に噴出する壊滅的な噴火でウルトラプリニー式噴火です。大規模なカルデラの形成を伴います。

20 溶岩台地はホット・スポットと関係があるのか

溶岩台地は、玄武岩質の溶岩が大量に噴出し積み重なってできた、大規模な台地です。洪水玄武岩とも呼ばれています。

デカン高原（52万平方キロメートル）は溶岩台地です。溶岩の厚さは最大2キロメートルに達し、広さが数十万平方キロメートルにも及びます（日本の面積38万平方キロメートル）。古生代カンブリア紀以後何回か洪水玄武岩が発生しています。

洪水玄武岩は大陸プレート上、海洋プレート上の両方に存在し、それぞれ広大な面積で大地や海底を覆っています。シベリア・トラップ（ロシア東北部中央シベリア高原）は７００万平方キロメートル、と膨大です。パラナ玄武岩（ブラジル）は４００万立方キロメートル、コロンビア川台地（米国）は１２０万平方キロメートルなどと世界各地で溶岩台地が形成されてきています。また同様な玄武岩質溶岩の大量噴出は海中でも起こっており、大洋下でも玄武岩溶岩が流出し続け、巨大な海台を形成しています。太平洋のソロモン諸島の北にある前期白亜紀に噴火したオントンジャワ海台は代表例です。

洪水玄武岩の噴出は大陸の分裂など、地殻が引き裂かれて発生した亀裂などが考えられています。玄武岩質溶岩は流動性がよく、薄く広く拡がり何度も繰り返し噴火し、台地や高原をつくりました。

ホット・スポットよりは巨大なマントルプルームが上昇したためにマグマは大量に生産され噴出したと考えられています。

ホット・スポットは、マントル内の上昇流（ホットプルームとか、マントルプルームと呼ぶ））の先端が、プレートを突き抜けて地表に現れた火山活動です。す

溶岩台地（洪水玄武岩）

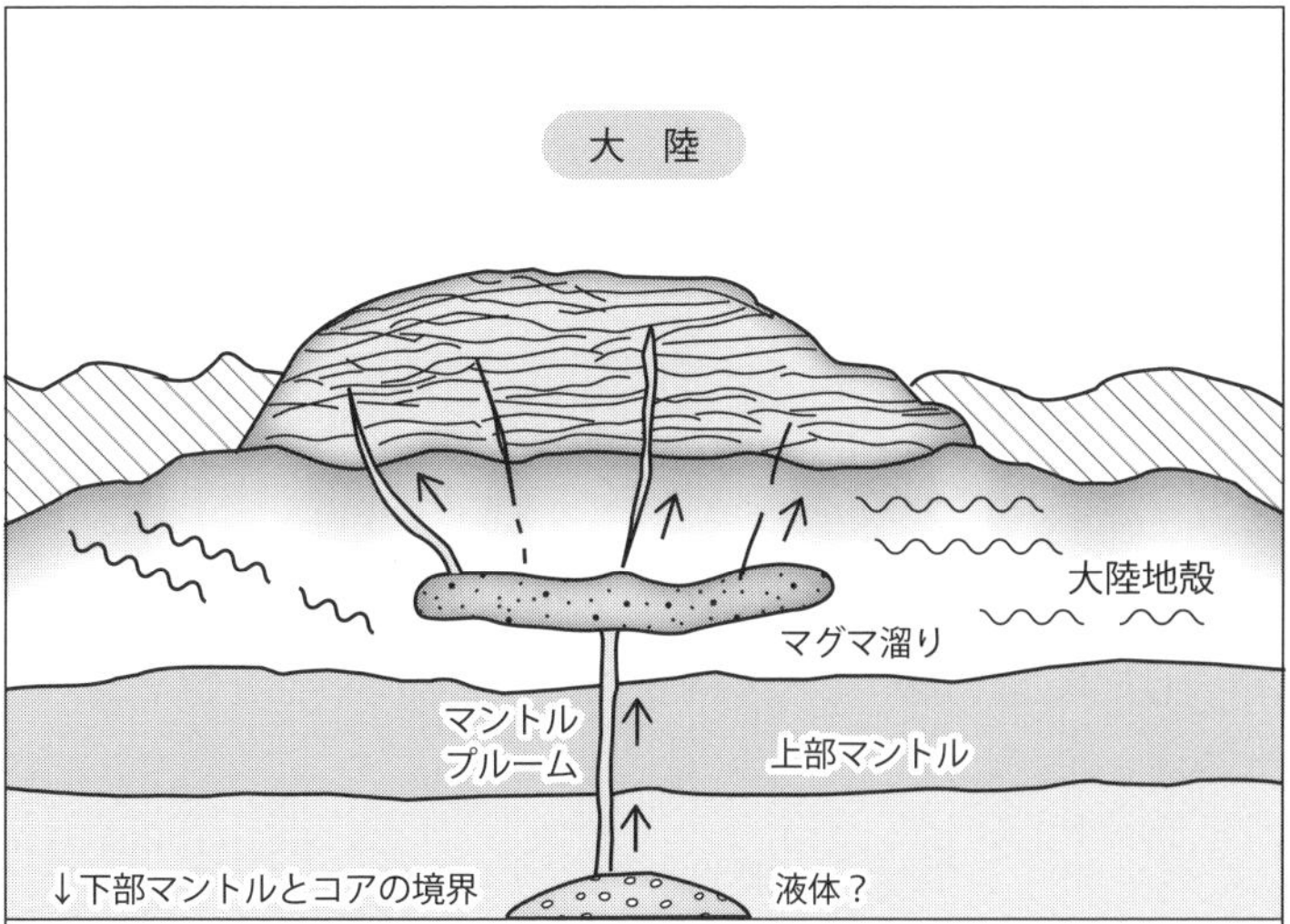
大　陸
大陸地殻
マグマ溜り
マントル
プルーム
上部マントル
↓下部マントルとコアの境界
液体？

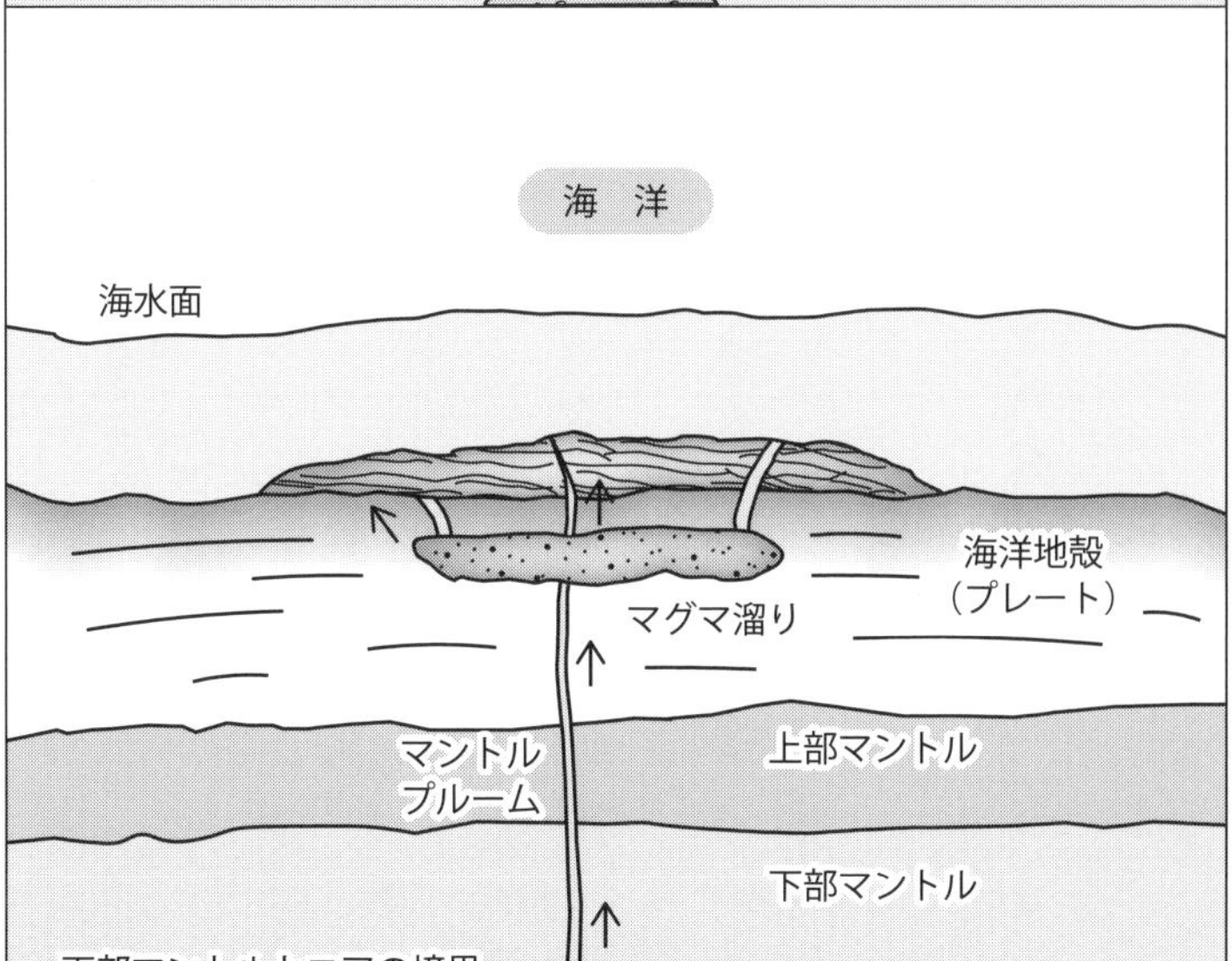
海　洋
海水面
海洋地殻
（プレート）
マグマ溜り
マントル
プルーム
上部マントル
下部マントル
下部マントルとコアの境界
↓
液体？

なわち地表まで上昇してくる場所が、ホット・スポットです。ホット・スポットでは、マグマが上昇して火山が形成されます。

ホット・スポットは、マントルプルームという溶岩台地を形成する巨大なマントル深部からの物質の流れとともにマグマの供給に重要な役割を果たしていると考えられています。

ホット・スポットでは、マグマが上昇して火山がつくられ、やがて火山島になります。ホット・スポット自体は動きませんが、火山島はプレートにのっているため、移動していきます。火山島が動いていけば、マグマの供給が途絶えます。火山島が移動した後に、また新しい火山が形成されます。

米国のイエローストーンの地下には、大量のマグマが継続的に供給されるホット・スポットがあります。過去1800万年ほどの間に噴火を繰り返してきました。そして噴火の都度にカルデラを形成してきました。

ハワイ型のホット・スポットは断続的にマグマが流出し、穏やかな噴火で、溶岩が斜面を流出します。しかしイエローストーンの噴火は超巨大で、人類はその噴火を体験していません。噴出物などの研究から噴出物は100立方キロメートル以上でまさに破局噴火の姿です。70万年に1回の噴火です（『天変地異の科学』項目37参照）。

ホット・スポットでもこのような破局噴火もありえます。アイスランドの海嶺でもホット・スポットの噴火がおこります。

溶岩台地はホット・スポットと関係があると考えられますが、まだ研究が進展していないため、具体的関係はわかりません。破局噴火とこれらも関係していそうですが、よくわかってはいません。いずれにしろマグマたまりの大きさ、火山ガスの濃集状況、マグマの生産量、供給状況に関係します。

一口メモ

溶岩台地は、玄武岩質の溶岩が大量に噴出してできた台地。デカン高原が有名だ。

21 地球規模の破局噴火は起きるのか

破局噴火は、地下のマグマが一気に地上に噴出します。壊滅的な噴火といわれ（ウルトラプリニー式噴火）、地球規模の環境変化が起こり、生物の大量絶滅に結びつきます。破局噴火は、巨大な噴火で大規模なカルデラの形成を伴います。噴出量100立方キロメートルを超え火山噴火の規模を表す火山爆発指数（VEI）は、噴出物（テフラなど）の量によって決定され、破局噴火の火山爆発指数（VEI、18項参照）は7から最大の8です。また20世紀最大の火山噴火とされる1991年のピナツボ山噴火はVEI6でした。北米では8980平方キロメートルの超巨大なマグマ溜りが確認されているイエローストーンが1000平方キロメートルの規模と見込まれ、火砕流の規模だけでも雲仙普賢岳の1000万倍程度となりマグマの量は途方もなく大きいことになります。

マグマには、様々なガスが溶け込んでいます。地震などを契機とし、マグマが急に減圧されるとマグマは発泡し、大量のガスが噴出し、マグマ溜り自体が爆発し地殻の表層部が吹き飛ばされます。噴火は半径100キロメートルにおよぶほど広範囲にわたり、火砕流が流れ出します。火砕流は広大な面積を覆い、町は火砕流、火山灰で埋まり、生物が死滅し、大量の火山噴出物は、大気となって地球を覆い、太陽を遮り、気温を低下させます。農地も不毛地となります。世界全体に影響がおよび、人類の存亡の危機となるのでは、と予想されています。

19項に書いたように日本では世界最大級の阿蘇カルデラをはじめカルデラの多くは破局噴火を引き起こしました。日本では1万年に1回ほどの頻度で、破局噴火が起きています。火砕流は九州の半分を覆ったと推

破局爆火

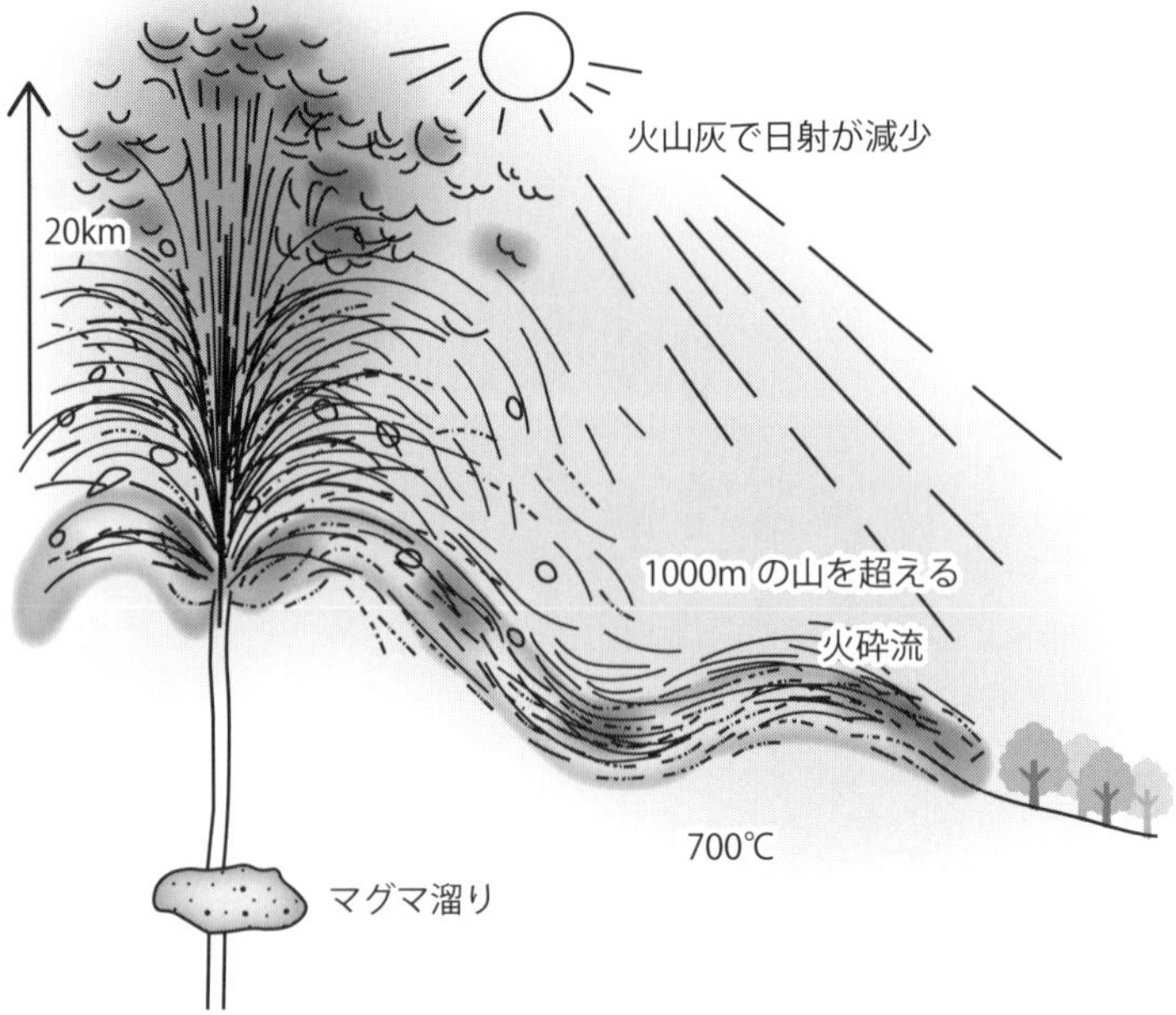

定されています。

破局噴火は、天変地異です。地球環境を変え、生物の生息環境を破壊します。人間社会も破滅します。地球全体にわたり寒冷化となっていきます。

700℃というすべてを焼き尽くす高温の火砕流は、時速100キロメートルという高速で流れます。コンピュータも火山灰で使用ができなくなり、都市機能は麻痺するでしょう。

破局噴火による火砕流は1000メートルクラスの山々を簡単に乗り越えてしまうといわれています。

2016年のM7・3の熊本地震は中央構造線の西方で伊方原発から130キロの位置には阿蘇火山があります。地震に刺激を受ければ、巨大噴火につながり、「破局噴火」の可能性が十分考えられます。

22 地球の創世記を感じさせる溶岩湖

マグマが燃えたぎり、真っ赤なしぶきを上げる溶岩湖。

溶岩湖は、大量の溶けた溶岩が火口の中に湖のようにたまっている場合や地表に流出した溶岩が、くぼ地や火口にたまった場合にできます。玄武岩質の溶岩であり、粘性が低く、流動的です。粘性の低い溶岩が斜面を流下すれば溶岩流です。

火口に流出した高温の溶岩が長時間冷えず滞留すれば溶岩湖を形成します。

地下から供給される溶岩の熱量と表面からの冷却がつり合う場合は、溶岩湖は長期間定常的に存在します。地下からの高温溶岩の供給が止まれば、冷却しはじめますが、全体が固化臨界温度に達するまでに、数年以上・常温になるまでには数十年以上かかります。

ハワイ島のキラウエア、エチオピア北東部のタナギル砂漠内のエルタアレ、バヌアツのアンブリム島のマルム火口、南極のエレバス山の溶岩湖が知られています。

最大の溶岩湖は、アフリカ大地溝帯底部コンゴ民主共和国の成層火山、ニーラゴンゴ山３４７０メートルにあり、２００２年大量の溶岩が全長約20キロメートルに達し麓のゴマ市にまで流出しました。

最も激しく沸騰する溶岩湖はバヌアツに属する火山島アンブリム島のベンボウ火山です。

キラウエア火山で有名なハワイ島には２つ永続的な溶岩湖が存在します。ハレマウマウ火口の頂上のカルデラの中とプウ・オオ火口の割れ目です。

南極大陸のエレバス山は極寒の世界のなかに、マグマが煮えたぎる溶岩湖があります。溶岩湖は深さ約20メートルでこのマグマは摂氏約１０００℃の熱で常

バヌアツ溶岩湖 3D イメージ

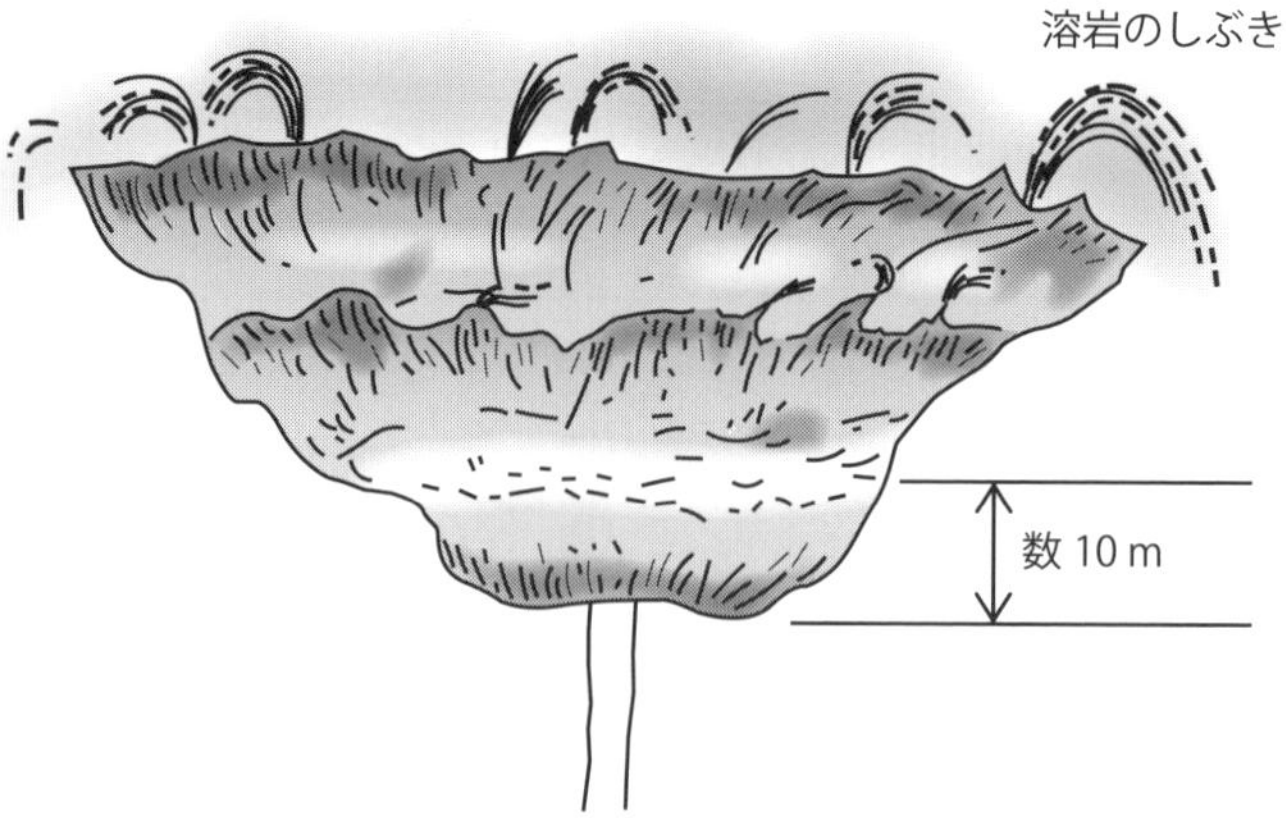

ドローンでサム・コマスン撮映写真を基とした火口断面のイメージ。
バヌアツ共和国（南太平洋）、アンゴリム島ベンボウ火山、玄武岩の溶岩湖
溶岩 1150℃ カルデラ（12×8km）内に存在。VEI6 プリニー式噴火

に対流し、流れています。湖の表面は冷めて固まることはありません。常にガスを放出しています。熱いマグマはマグマが冷えながらより高密度になり、再び地下に沈み、対流のサイクルが続きます。

溶けている溶岩湖は非常に珍しく、世界中にわずかしかありません。今は地球の創世記を探る研究段階です。

耐熱スーツを身に着けても溶岩湖に近づけません。また火山ガスも充満しています。ドローンを使って溶岩湖の写真を撮ることを試みていますが、ドローンも壊れてしまうようです。しぶきを上げる溶岩のサンプルもとれません。人を寄せ付けず神秘的です。

一口メモ

地表に流出した溶岩がくぼ地や火口にたまってできるのが溶岩湖。世界最大の溶岩湖はコンゴのニーラゴンゴ山にある。

第4章

日本は火山列島なのだ

23 日本は世界有数の火山大国

日本はプレートの沈み込み帯の真上に位置しています。海溝のそばです。日本の火山はすべて「海溝型」です。

地震も多発し、火山もたくさんあります。日本は４つのプレート、ユーラシアプレート、北米プレート、フィリピン海プレート、太平洋プレートがぶつかり、潜り込むようなところで地震も多発し、火山が密集するような変動帯にあります。

日本には１１１活火山があり、世界の７％を占めています。１位は米国で１７４です。２位はロシアで１５６、3位インドネシア１３０で4位が日本です。5位チリが１０６です。北は北海道、南は沖縄や小笠原諸島にいたるまで活火山が分布する「火山大国」といえます。ただし関西、四国には、火山はありません。日本中に分布しているといっても全県に活火山があるわけではありません。

最近でも２０００年の有珠山・三宅島、２０１１年に新燃岳、２０１３年に桜島、２０１４年に御嶽山、２０１５年に口永良部島、２０１７年に新燃岳、２０１８年には３０００年振りに本白根山で噴火が発生しています。阿蘇中岳第一火口でも噴火活動がありました。駒ケ岳・蔵王山・御鉢でも火山性微動が起こっており、いつ噴火してもおかしくない状態となっています。

英国マンチェスター大学のザイルストラ教授は『世界でも最も危険な火山10』を選定していますが、1位に薩摩硫黄島（鹿児島県）が4位に阿蘇山（熊本県）があげられています。2位はアポヤケ山（ニカラグア）です。いずれにしろ日本は火山大国です。

日本の活火山の分布

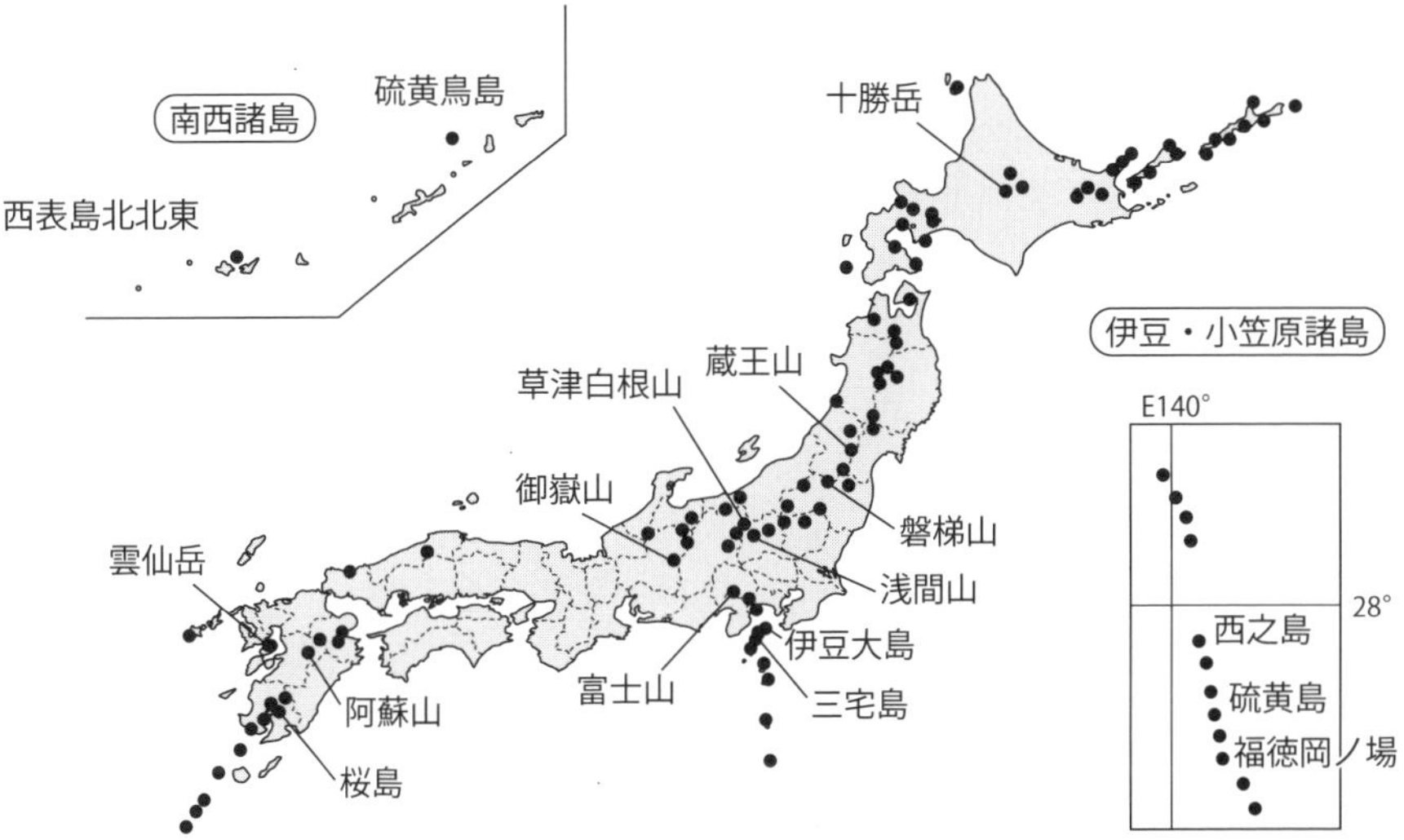

平成22年度版防災白書

日本周辺のプレート

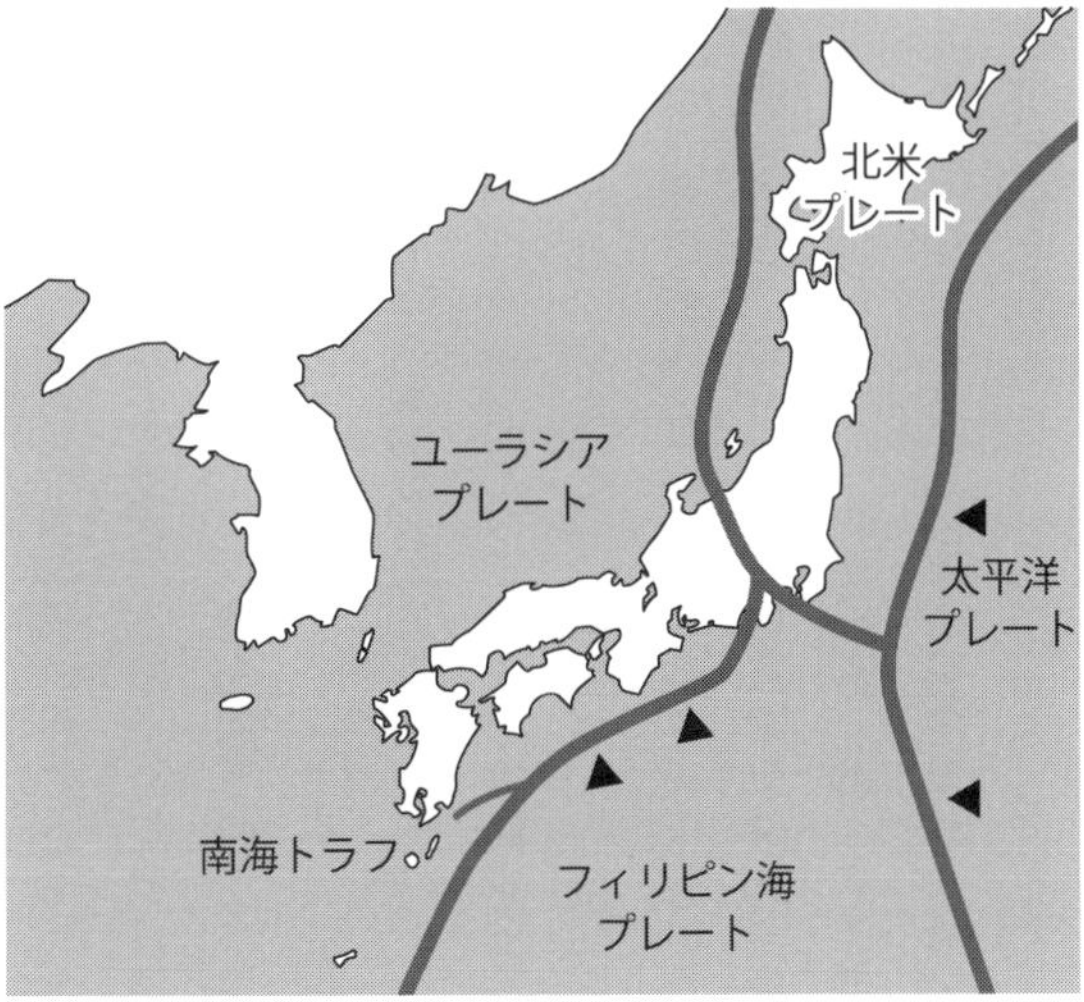

24 日本の火山の特徴と分布

日本の火山は「海溝型」ですから日本列島深部で生産されるマグマが日本列島直下まで上昇し、いったんマグマ溜りで蓄えられたあと火山ガスを濃集していきながら飽和状況になり噴火します。これは日本の火山の大きな特徴で火山の生まれやすい日本列島の構造です。

海洋プレートには液体の水や含水鉱物があり、これが沈み込みによってマントルにもたらされます。この水を含むマントルがプレート直下で液体のマグマになって行きます。水はマントルの岩石が溶ける温度を低くする効果があります。

次にマグマは地表に向かって上昇しながら周囲の岩石を溶かし、上昇してきたマグマと混ざり合います。水分を取り込みながらさらにマグマ化させていきます。噴出した溶岩は安山岩が多く、そのほか流紋岩、玄武岩など様々な岩石が存在します。このため玄武岩の溶岩を特徴とするホット・スポット型や海嶺型とは相違します。

さらに1万年に1回ぐらいで起こる阿蘇山のようなカルデラをつくる巨大噴火も日本の火山の特徴でカルデラは全国に存在しています。

噴火活動は、その火山の年令、噴出物の成分の変化や量などの違いにより複雑です。噴火する火山の噴火には規則性があり小さい噴火を繰り返しおこすことも特徴といえます。地震とともに火山の生まれやすい地質環境も特徴といえます。

地球には様々な有用金属の資源が胚胎しており、日本でもこれらの資源を経済活動に活かしてきました。マグマは地中の金、銀、銅など有用金属を溶かし混み濃集させ、これら物質を運んできます。温度が下がる

海溝型火山の特徴

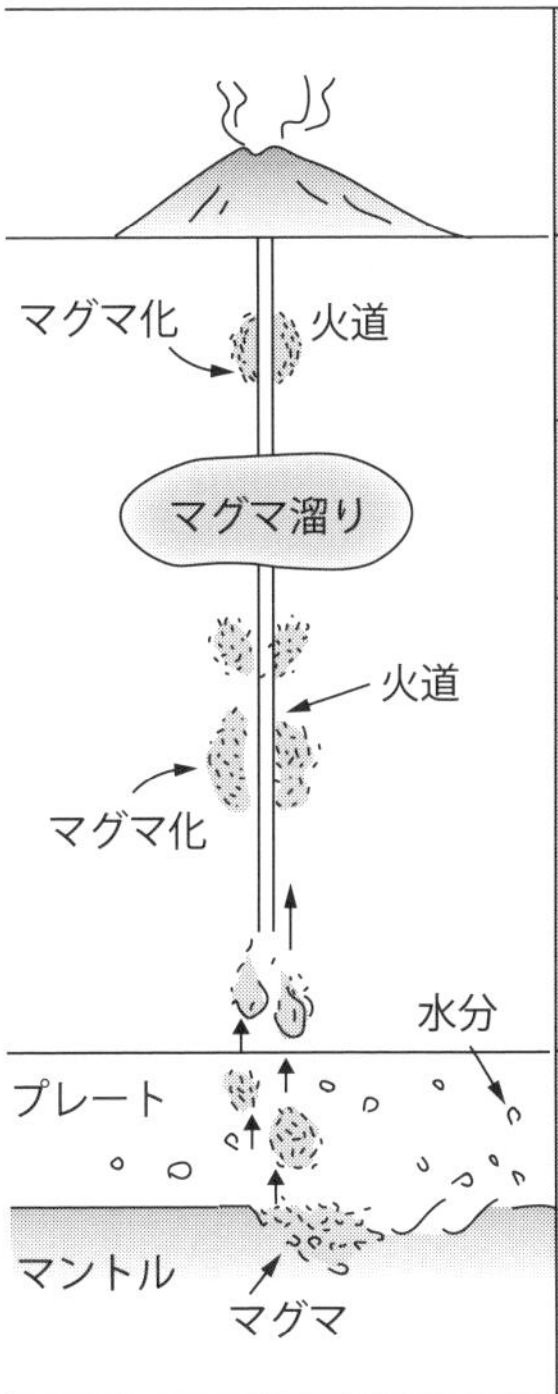

噴出	・噴出したマグマは溶岩となり場所（火山）によって岩石が変化・安山岩、デイサイト、流紋岩、玄武岩。同じ火山でも変化
融解・混合	・マグマは火道周辺の岩石を溶かし、上昇してきたマグマと混ざり合う
マグマ	・マグマが溜っていく。ガスを濃集していく。 ・マグマ・ガスが飽和し、噴出
マグマの上昇	・マグマは火道周辺の岩石を溶かし（融解）上昇してきたマグマと混ざり合う
マグマの生産	・プレートには水や含水鉱物を含有 ・マントルに水や含水鉱物を含有

とともに金属資源が形成されます。

火山灰からできた土は、水はけが良いという特徴があります。ネギやダイコン、キャベツなど作るのには絶好の場所となります。

またマグマからの多量の熱で地熱発電が行なわれています。この熱は温泉や温室栽培に利用されています。

日本は温泉大国ともいわれ、火山のまわりには、かならずといっていいほど温泉があります
これらの特徴は日本の火山の特徴とはかぎりません。「海溝型」火山の特徴でもあります。また温室栽培は「海嶺型」火山のアイスランドも行われており温泉もたくさんあります。

25 日本周辺の海底火山活動
―西乃島も海底火山、国土が拡がる

西之島は東京の南方約930キロメートルにある火山島です。30の島が連なる小笠原諸島に属します。

西之島は水深3000メートルから形成されている巨大な海底火山の山頂部です。火山体の大部分は海面下にあります。1973年、西之島の海底で噴火記録のない西之島が活動を開始しました。島は成長し2018年12月時点2・95平方キロメートル、標高160メートルです。東西760南北600メートルです。

2018年時点では火砕丘の中腹の新火口で噴火が継続しています。

西之島海底火山の本体は安山岩（S i O 2 58～60％）ですが、周辺海域の小海丘は玄武岩溶岩からなります。

2年前の16年12月時点と比べ、0・17平方キロメートル増え、面積増加により、領海は約4平方キロメートル、排他的経済水域（EEZ）も約46平方キロメートル拡大しています。海底火山により国土も排他的経済水域も増加していきます。

伊豆半島の東、東伊豆単成火山群および東伊豆沖海底火山群と呼ばれる小火山群があります。その中に手石海丘があります。手石海丘は、静岡県伊東市沖合で、伊豆東部火山群の北部に位置する海底火山です。1989年の海底噴火により形成されました。この時井戸の水位や温泉の湧出量、地表面の変位が観測されました。水面下81メートルの海底で火口の直径200メートルの火山が形成されていることが確認されたのです。

噴火のメカニズムは周囲の火山同様、海底堆積層への玄武岩質マグマの貫入によるマグマ水蒸気爆発と考えられています。

西之島海底火山

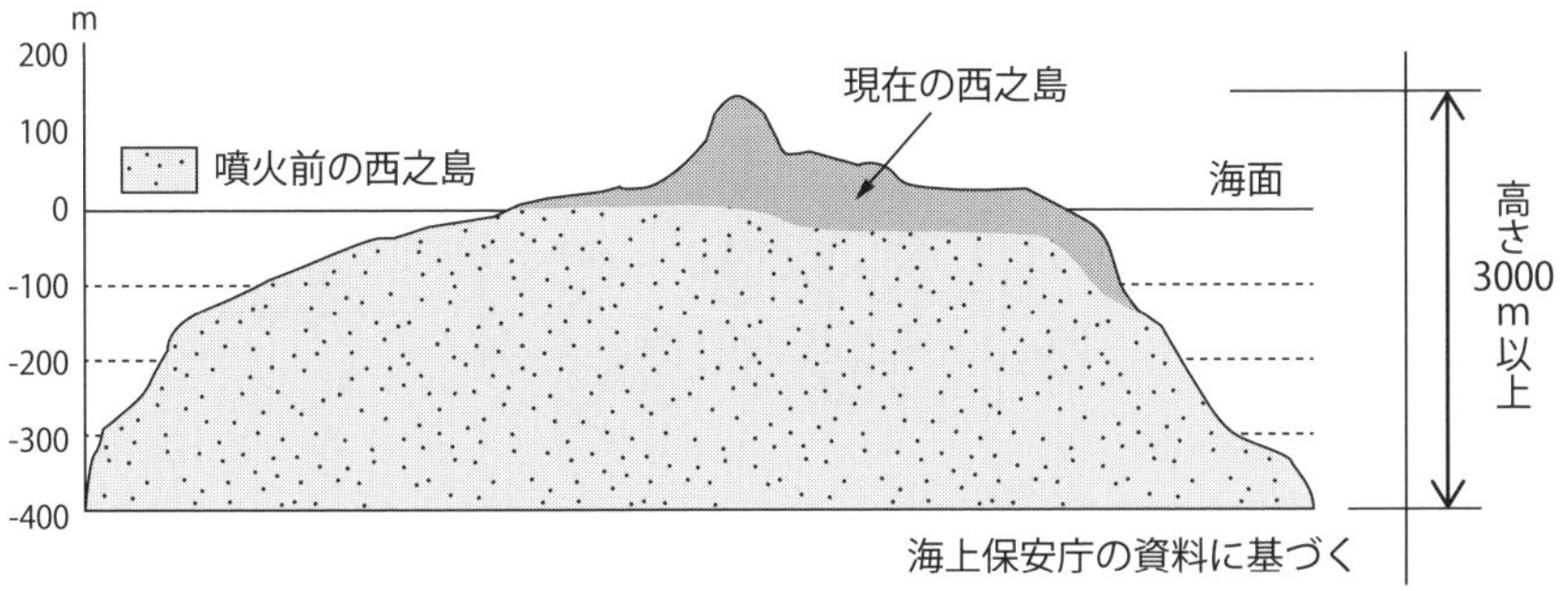

伊豆半島と西之島海底火山

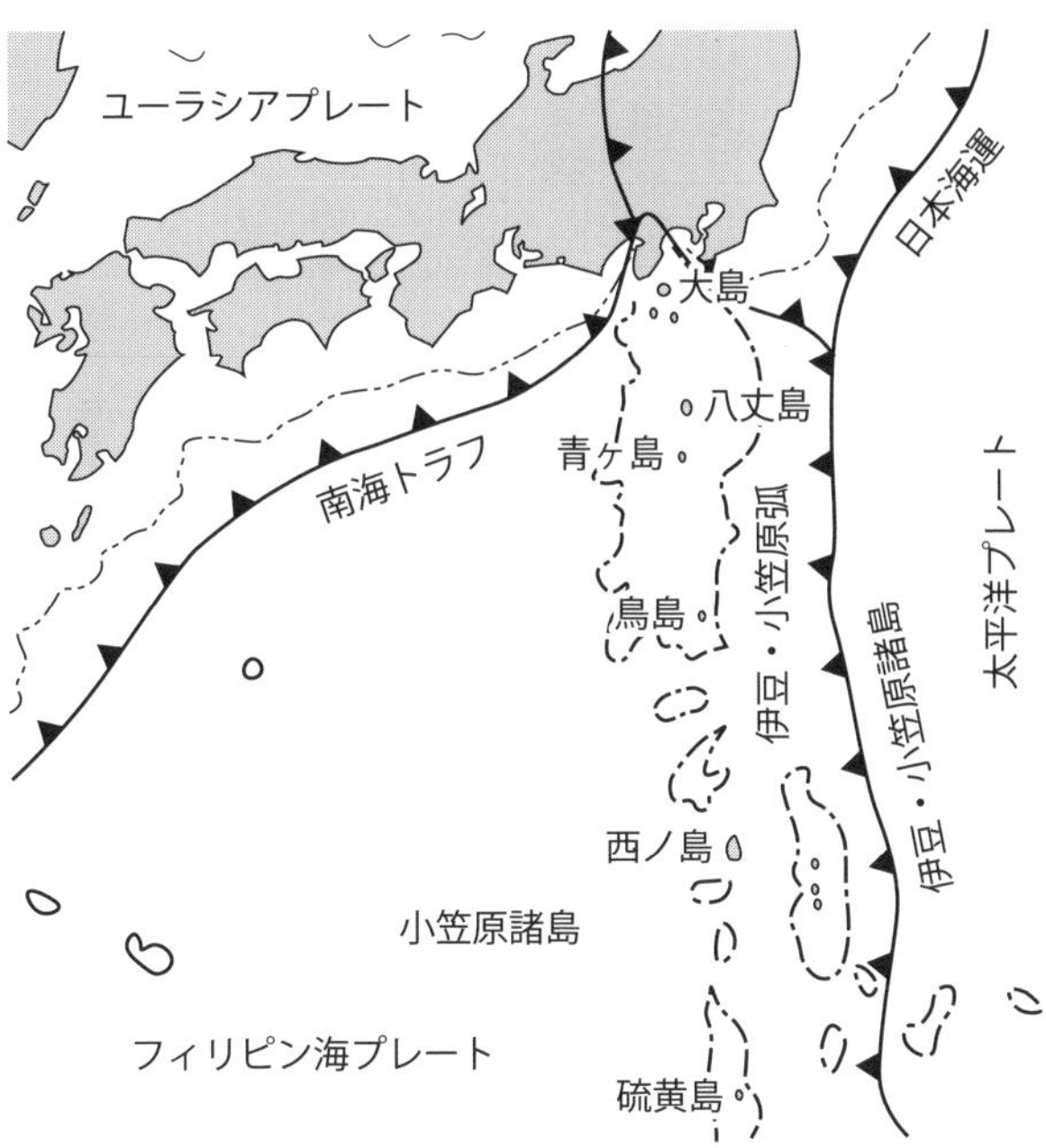

２８００キロメートル以上におよぶ伊豆・小笠原海溝は、太平洋の海底をつくる厚さ１００キロメートルほどの太平洋プレート（岩盤）が、１年間に10センチメートルほどの速度でフィリピン海プレートの下へ潜るところで伊豆・小笠原弧の下に沈み込んでいるところです。

南硫黄島の北東約５キロメートルには海底火山があります。福徳岡ノ場（最浅水深22メートル）と呼ばれています。海面下に中央火口丘があります。

南硫黄島は、南北30キロメートル、東西15キロメートルの福徳岡ノ場を含む北福徳カルデラを形成する複合巨大海底火山南峰にあります。

１９０４年に海底噴火により高さ１４５メートル、周囲約４・５キロメートルのほぼ円形の島が形成されました。

しかし１９０５年には暗礁になってしまいました。２０１３年には半径４５０メートルにわたり海水面が変色し、泡の噴出が確認されています。福徳岡ノ場海域での過去の噴火で溶岩が海面上まで噴出し何度か島が形成されました。いずれも波に侵食されて跡形もなくなりました。主に安山岩（ＳｉO_2 61％）から成ります。

２０１０年海底地形調査の結果、福徳岡ノ場山頂部は１・５キロメートル×１キロメートルの大きさでの北東—南東方向に伸びた楕円形です。頂部の北側には２００５年および２０１０年の噴火で形成された直径約２００メートル、深さ約30メートルの複数の火口が複数連なっていることが明らかにされています。

海底火山は日本近海に多数存在していますが、海上に噴火の兆候がほとんど見られません。しかし海底下で活動が行われており、水深３０００メートルの深さでは、西之島のような海面状に現れるまでには火山が大きく成長しなければならないでしょう。

伊豆・小笠原海溝のプレート沈み込み帯では多くの海底火山は「海溝型」です。そしてここは火山活動が活発な地帯です。西之島はさらに大きくなっていくでしょう。手石丘は伊豆半島と一緒になっていくかもしれません。

Column

海を越える火砕流

「えっ！火砕流は海を越えてながれていくの？」と疑問をもつかもしれません。

破局噴火が起これば、マグマ溜りもろとも爆発し、四方八方に大量の火砕流が流れ出します。時速100キロメートルという猛スピードです。そして100キロメートルも流れ飛んでいきます。

2万5千年前の阿蘇の南に位置する姶良カルデラの噴火は日本では史上最後に起きた超巨大噴火でした。火砕流が海を渡り四国高知県の宿毛まで到達しました。7300年前の鬼界カルデラの破局噴火は海底火山の噴火による火砕流で、たしかに鬼界カルデラから加速をつけ海に顔を出し、海を渡って薩摩半島に上陸しました。そして南九州の縄文人を一掃しました。

火砕流は、火山噴火で生じる高温の溶岩の細かい破片が気体と混合して流れ下ります。気体と固体粒子からなる空気よりもやや重い密度流です。

「こんな重い火砕流が高速で、海中から海上に、そして海を越え上陸する」、見ないと実感がわかない不思議な火砕流の「動き」です。

破局噴火でなくても火砕流は災害を起こしてきました。1991年200年ぶりに普賢岳が噴火しました。火砕流は猛烈なスピードでふもとの集落を襲い、人々の生活が壊されました。火砕流災害です。

阿蘇カルデラが噴火すれば、破局噴火となります。火砕流が約130キロメートル離れた伊方原発敷地内に海面の上を走り続け海を渡って到達する可能性があります。大規模な火砕流が原発を襲えば、原子炉の冷却機能が維持できず、未曾有の危機的重大事故に至ります。

26 伊豆火山島が伊豆半島に
——本州に潜り込んでいる

伊豆半島は南海トラフと伊豆小笠原海溝の交差地、フィリンピン海プレート、ユーラシアプレート、北米プレートのぶつかり合い、潜り込む地帯でもあり、フィリピン海プレートの最北端に位置しています。フィリピン海プレートに北米プレートが衝突し、潜りむときに伊豆半島の岩盤に亀裂が発生し、マグマが貫入し、伊豆東部火山群が形成されました。

伊豆半島から南へ伸びる伊豆・小笠原諸島には数多くの海底火山が並んでいます。伊豆大島や三宅島は海面上へ顔を出した海底火山です。高さ４０００メートルを超える巨大火山も存在しています。

一方伊豆半島は２０００万年前、伊豆は本州から数百キロメートル南、現在の硫黄島付近の緯度にありました。

海底火山から形成された「伊豆火山島」は太平洋の

伊豆半島の潜り込み

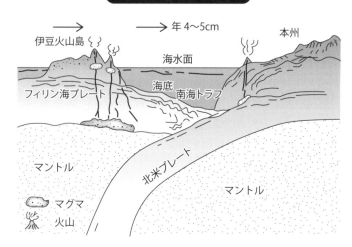

南の海からフィリピン海プレートに乗って年間4～5センチメートルの速さで北上し、プレートが南海トラフに沈み込むとともに「伊豆火山島」（伊豆半島の前身である火山島）は100万年前に本州にぶつかり、本州に潜り込んでいます。「伊豆火山島」から現在の「伊豆半島」になり陸地となりました。

火山の密集地で海底にも火山がたくさんあります。これらは半島の前身である火山島（伊豆火山島）です。伊豆半島は複雑な特異な地質構造となり、火山活動が活発な火山地帯です。伊豆半島の付け根は衝突帯となっています。

また日本列島がフォッサマグナで屈曲していますが、伊豆半島はこの屈曲の南端に位置し、より地質構造を複雑にしています。

フィリピン海プレートに北米プレートが衝突して潜り込むときに、伊豆半島の岩盤に亀裂が入り、マグマが侵入、伊豆東部火山群ができたんだね。

27 山体崩壊を繰り返す浅間山

浅間山の観光地になっている鬼押し出しは、1783年（天明3年）におきた浅間山の噴火の際に流れ出た溶岩で形成されました。

浅間山は長野県軽井沢町および群馬県嬬恋村との境にある安山岩質の標高2568メートルの火山です。高峰、黒斑火山、前掛山（浅間山、火口は直径500メートル、深さ200メートル）などからなり、富士山形の円錐形の成層火山です。

浅間山はフォッサマグナの東縁部の中央に位置し、山体は円錐形でカルデラも形成されており、活発な活火山でプリニー式、ブルガノ式の噴火です。これまでの噴火で黒斑（くろふ）火山は山体の半分が崩壊しています。溶岩流の噴出と平行して大量の火砕物を噴出し、軽石、火山灰および軽石流、火砕流が繰り返し噴出しています。2019年8月にも噴火が起こっています。

これまでに幾度も爆発噴火をし、繰り返し噴出し、崩壊した物質は大規模な土石流となって高速で麓に流下し災害をおこしてきました。

1108年（平安時代）にも大規模噴火がおこりました。噴火場所は前掛山（浅間山）で30億トンと推定される噴出物を伴う大噴火でした。火山爆発指数（VEI）は5と「天明の噴火」より巨大です。

天明の大噴火は1783年に2回おき、火砕流が噴出しました。そして再度の大噴火を起こしました。このとき発生した火砕流に嬬恋村（旧鎌原村）では一村152戸が飲み込まれて483名が死亡したほか、おおぜいの犠牲者を出しました。さらに爆発・噴火の震動に耐えきれずに山体が崩壊しました。大規模な高速化した巨大な流れは、山麓の大地をえぐり取りながら流下し鎌原村などを壊滅させました。

浅間山鬼押出溶岩

1783年浅間山「天明の噴火」で流出した鬼押出溶岩
溶岩は噴出後高温状態だったため溶結。溶岩流となって浅間山の北斜面を下った。

鎌原火砕流

1783年の浅間山の噴火にともない火砕流が発生「鎌原火砕流」で鎌原村を埋没させた。
村の神社（観音堂）50段が15段になる（35段が埋まる）。逃げる途中母娘が埋まり、最近発掘された。

溶岩→溶結→再流動

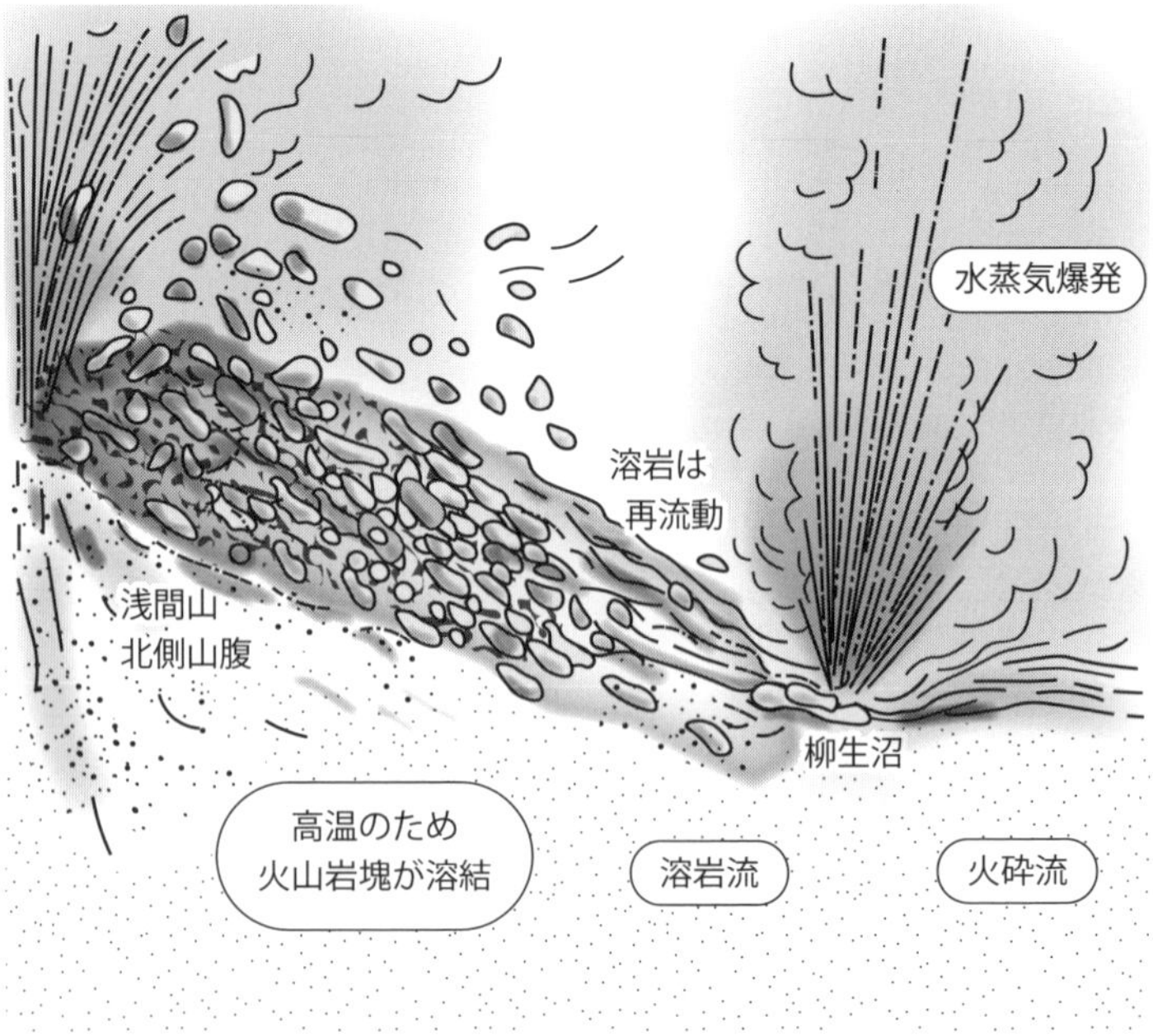

この天明の噴火は日本の火山噴火の災害として最大級です。丘の上の観音堂へ、当時50段の石段があったのですが、すっかり埋まって15段だけ残っています。

1783年の天明の噴火の噴出物総量$4・5\times10^{8}$立方メートルで噴火指数は4でした。大量の火山灰を噴出し、広範囲に降灰し堆積させ天明の大飢饉の原因となりました。「鬼押し出し」と呼ばれる溶岩はこの天明の噴火で火口から流れてきた溶岩流です。現在の浅間山の噴火活動は前掛山が活発です。

日本列島を横断する大断層線でありフォッサ・マグナは沈降によってつくられた地形です。フォッサ・マグナに関係した火山としては、浅間山や富士山をはじめとし、焼山、妙高山、黒姫山、霧ヶ峰、蓼科山、八ヶ岳、箱根山、天城山などです。北米プレートがユーラシアプレートに潜り込み、マントルと北米プレートの境界部でマグマが生産され、浮力によって上昇し、浅間山の噴火のためのマグマが供給されたのではないかと考えられます。

28 阿蘇カルデラの噴火と桜島

阿蘇は破局噴火を起こすカルデラ火山、桜島は姶良（あいら）カルデラ内で巨大噴火を起こす火山です。ともに九州を代表する火山で今も噴火活動が続いています。

阿蘇は外輪山や火口原をも含めた火山をいい、外輪山は南北25キロメートル、東西18キロメートルで周囲128キロメートルもあり、世界最大級の火山です。

火口原には5万人が住み、鉄道や道路が走っており、田畑も開けています。また、丸みをおびた円錐形高岳（1592メートル）や中岳（1506M）および烏帽子岳（1337メートル）などの阿蘇五岳と900メートルの高さの外輪山と火口原からなり、雄大な景色です。

阿蘇のカルデラは、27万年前から9万年前までに起こった4回の破局噴火で陥没がつくられました。大きかったのは9万年前に発生した4回目の噴火で総噴出量は富士山の山体体積を上回る600立方キロメートルに達しました。噴火指数は7です。

火砕流は九州の半分近くを覆い尽くし、火山灰は日本全国に降下しました。最初、ウルトラプリニー式噴火がおこり、九州では軽石が数メートルも降り積もったところもあったようです。巨大な噴煙柱が崩落し、火砕流が発生しました。

溶岩、軽石と火山灰、火山ガス、空気が一体となって火砕流が流れました。数百℃以上の高温の火砕流はすべてのものを飲み込み焼き尽しました。火砕流は多量のガスを含む上に、流れるときには多量の空気を取り込むために極めて流動性に富み、高速です。

そのうち最も遠いものは山口県にまで達し、また海を越えて島原半島にも渡っています。火砕流はあまり

阿蘇カルデラ

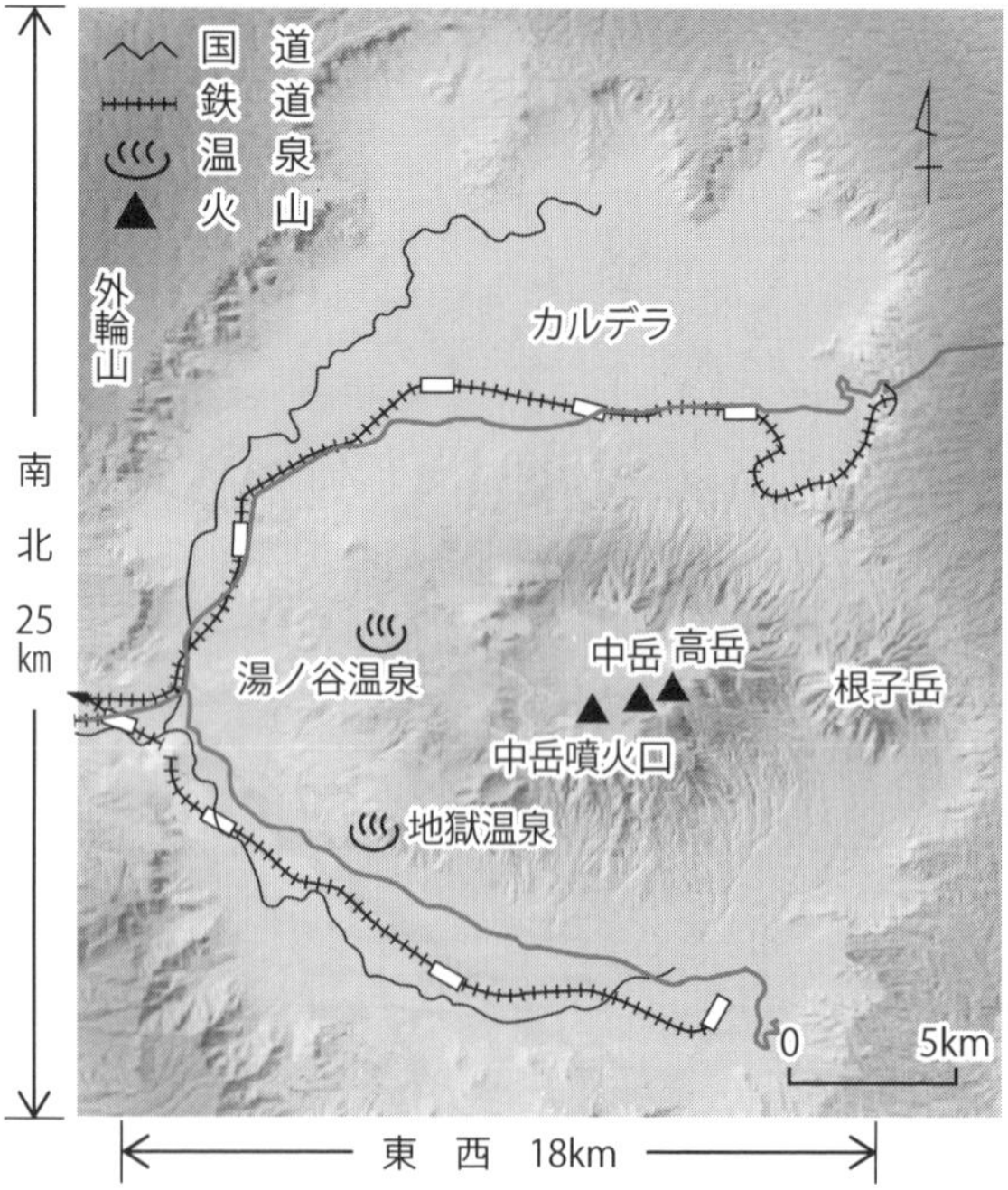

阿蘇カルデラのでき方

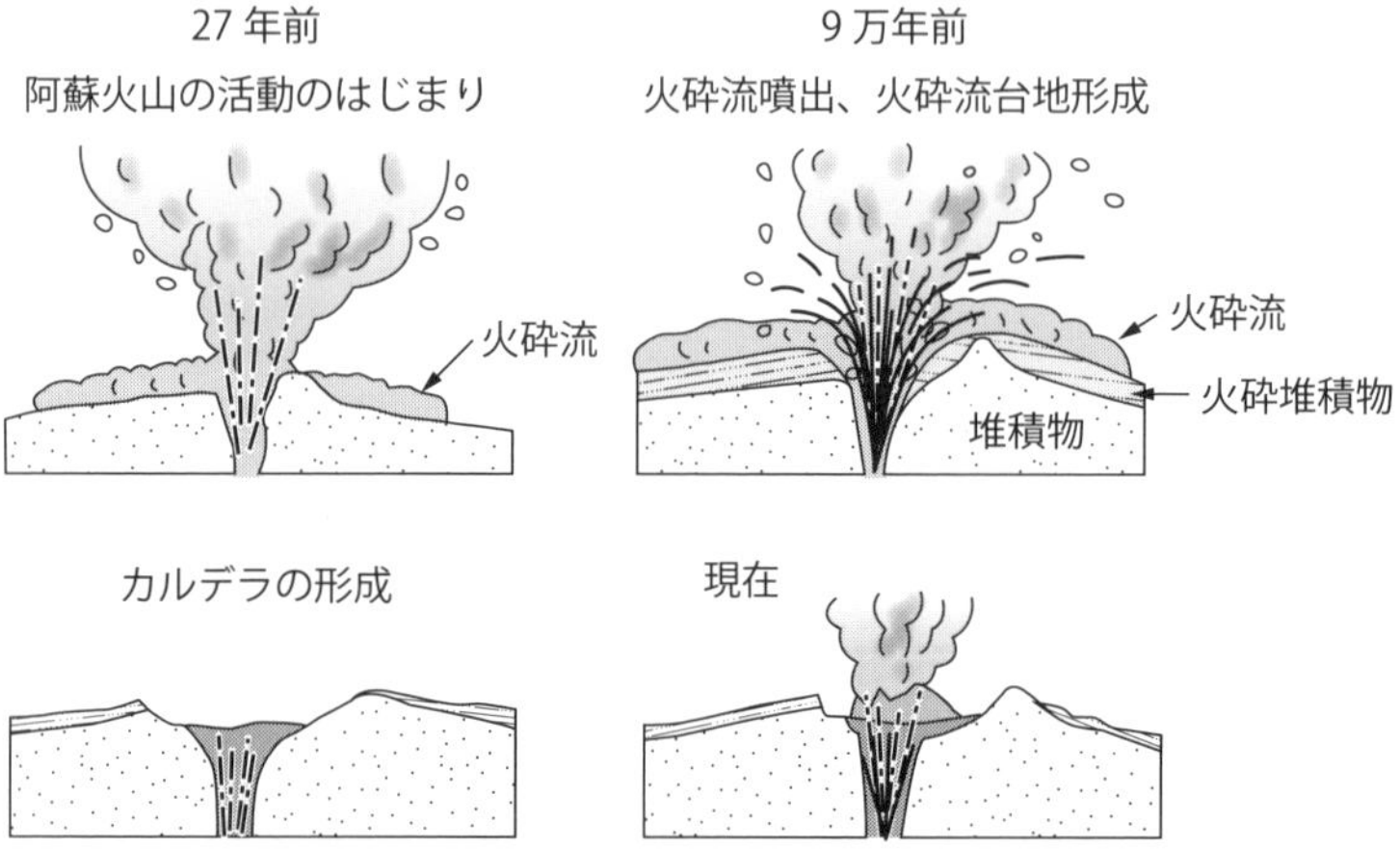

にも熱いので、火砕流は空高く吹き上がり、火口直下では過剰な水蒸気圧によって水蒸気爆発が起こります。なお溶岩は安山岩質です。

巨大カルデラ噴火で発生した火砕流に覆われれば、覆われたとたんあらゆる生命が奪われてしまいます。

阿蘇の「巨大カルデラ噴火」が再び起これば火砕流発生後２時間程度で７００万人の犠牲者がでるだろうと考えられています。東京でも20センチメートルの火山灰が積もります。全国のライフラインは完全に停止するでしょう。

阿蘇と桜島の違いは爆発の規模ばかりではなく、溶岩の組成にも差が認められています。一番大きな差がケイ酸分（SiO_2）の含有量の差です。桜島の溶岩では重量比で60から62％がケイ酸分ですが、阿蘇の中岳を含む中央火口丘（山体を構成する）噴出物は52～54％のグループと67％のグループも存在します。ケイ酸含有量などから阿蘇の溶岩は桜島のそれに比べて粘性が少ないと考えられます。

南九州のカルデラ群の一つ姶良カルデラは、東西12キロメートル（南北10キロメートル、周囲55キロメー

桜島の位置づけ

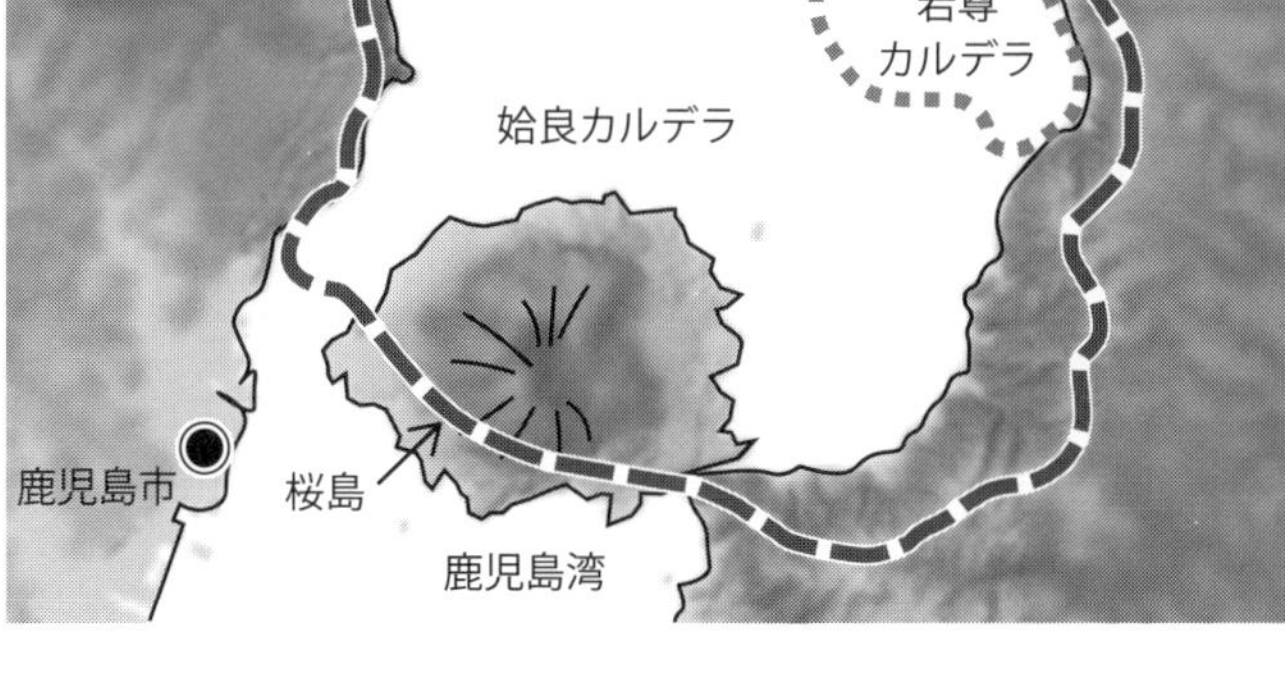

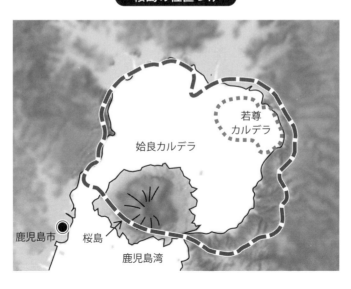

桜島の噴火

桜島の火口

トル、面積約77平方キロメートルで阿蘇カルデラの半分ほどです。鹿児島湾〈錦江湾〉の奥、桜島より北側に直径20キロメートルで円形のカルデラです。3万年前の噴火では、火山灰が降灰で日本全国に堆積し、入戸火砕流と呼ばれる火砕流は数十メートルの厚さのシラス台地を形成しました。

桜島は姶良カルデラに付随した火山と考えられています。鹿児島湾と桜島を囲む巨大カルデラです。現在もカルデラ内部に噴気活動があり、海底火山や火山島が形成されています。地下100キロメートルのプレート境界で作られたマグマが上昇し、カルデラ中央部地下10キロメートルにマグマだまりを形成しています。

錦江湾に浮かぶ桜島は、高さ1117メートル（北岳・御岳）、周囲約52キロメートルの2つの主峰をもつ複合火山です。桜島のマグマは鹿児島湾の中央カルデラの地下10キロメートルの巨大なマグマ溜りに地下100キロメートル以上の深部から供給され、火口直下5キロメートルにあるマグマ溜りに移動して噴火しています。約2万9000年前、姶良カルデラで発生した入戸火砕流に巨大噴火（姶良大噴火）によって現在の鹿児島湾の形ができ上がり桜島はこの巨大カルデラ噴火の後に火山活動を始めました。約2万6000年前、鹿児島湾内の海底火山として活動が始まり、安山岩やデイサイト質の溶岩です。

1471年に噴火指数5の大噴火が起こり、北岳の北東山腹から溶岩（北側の文明溶岩）が流出し、流出しながら大きな火山島を形成していきました。1779年には桜島南部から大噴火となり、江戸でも降灰がありました。

1914年には溶岩流によって桜島と大隅半島が陸続きにしました。溶岩を含めた噴出物総量は32億トンです。

阿蘇は破壊的な
破局噴火をおこ
す火山なんだね

29 富士山もプレートの働きでできた火山

太平洋プレート、フィリピン海プレート、北米プレートそれにユーラシアプレートの4つのプレート境界上に富士山は位置しています。絶景といえる美しい雄大な火山地形もつくりだしています。

1万年程前頃、富士山は現在のような姿になりました。富士山は、中央の大きな火口のほかにも約80もの火口が存在します。

海の底だった富士山周辺は、今から2～300万年前にプレートの移動とともに隆起し数十万年前から何度も噴火を繰り返し、火山灰や溶岩が累積していき、標高3000メートルを越える山に成長しました。

富士山の中には8万年前に活動を開始した古富士火山が隠れ、古富士火山の下にはさらに古

富士山の位置とプレート

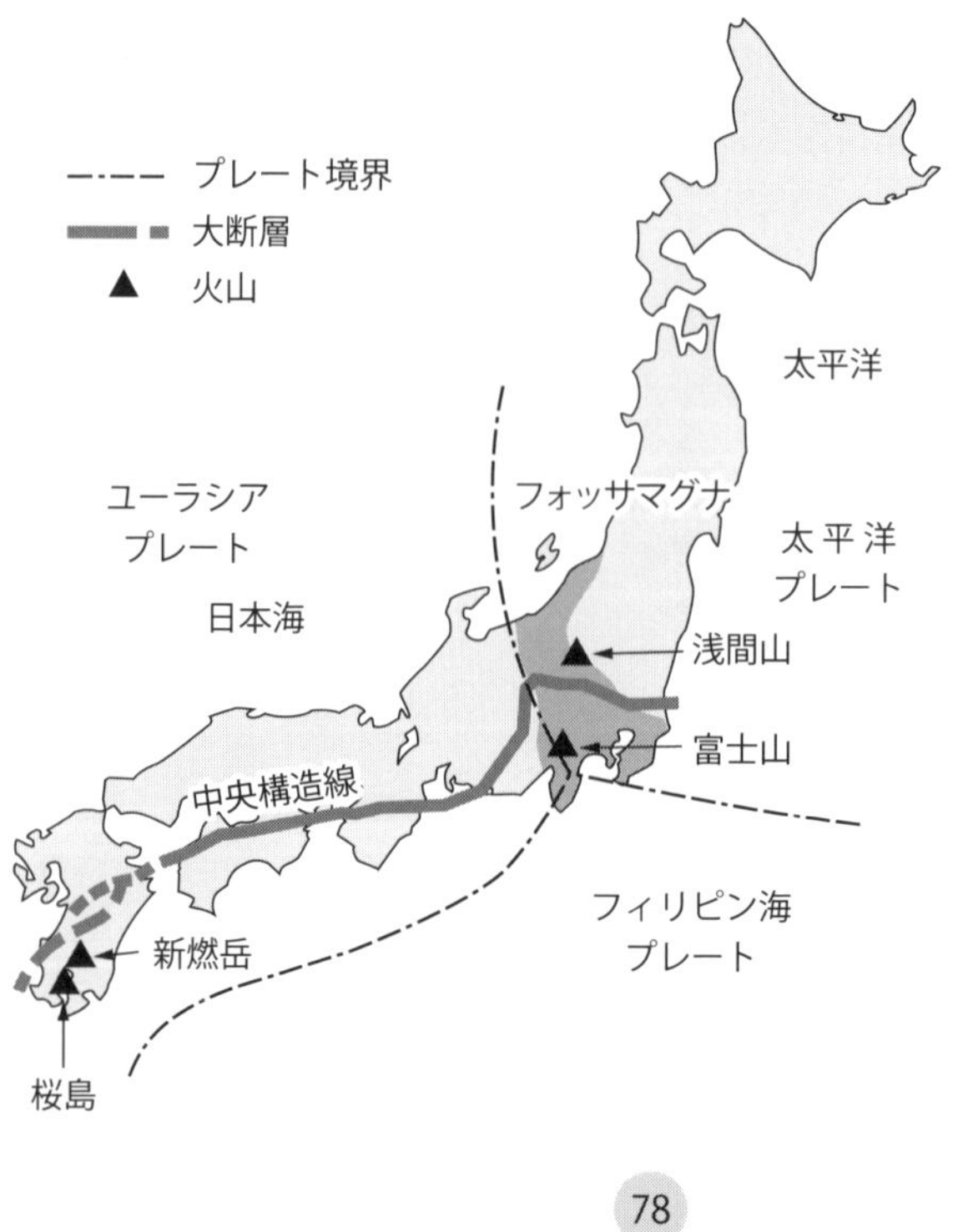

富士山の主な噴火

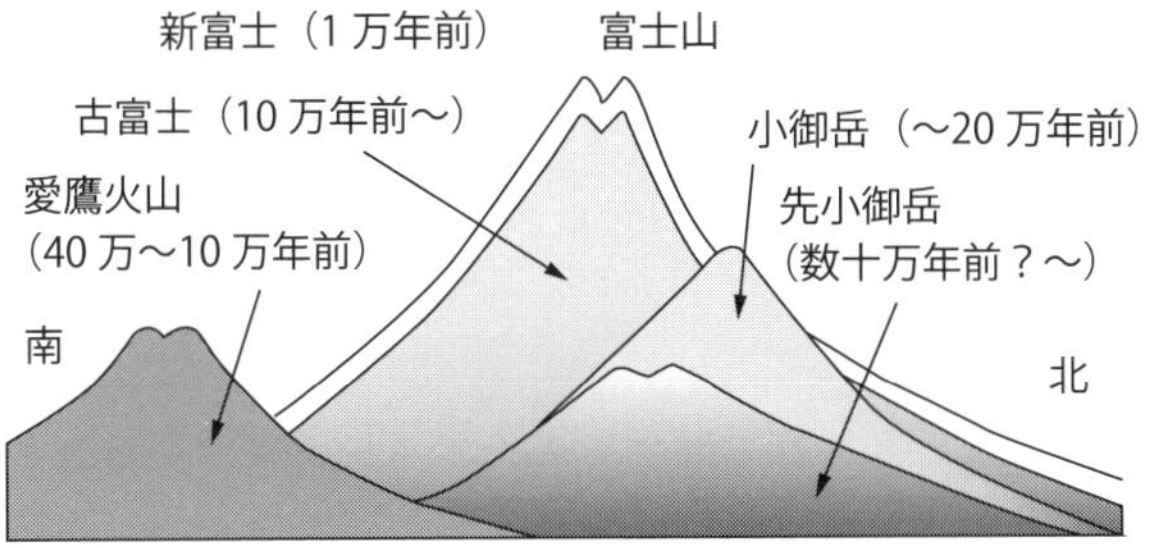

▲800 延暦大噴火
▲864 貞観大噴火
青木原溶岩　1.4km³
▲937、999、1033
▲1083

▲1435-1436
▲1511
▲1707 宝永大噴火
三嶋溶岩　0.7km³
（東京ドーム500杯）

い小御岳火山が、隠れています。古富士火山と同じ火口から、新富士火山が活動を始めました。新富士火山は噴火が活発で、多量の新期火山灰をふらせ、火山灰はローム層となりました。１７０７年の宝永噴火は層厚1メートル以上の火山礫が積もり、家屋の焼失や倒壊が起こりました。宝永の噴火までの1万年ほどの間に１００回を超す噴火を繰り返しました。富士山は噴火を何度も繰り返してできた成層火山です。玄武岩からなり、玄武岩質安山岩も含まれます。宝永噴火を最後に噴火は発生していません。表面的には火山活動が停止しているかのようです。

北米プレートとフィリピン海プレートの両方がユーラシアプレートに滑り込む分岐点です。

一口メモ

富士山は4つのプレートの境界の上に位置し、絶景を生みだしている。

Column

珍しい天地の変動
—昭和新山、畑のなかから突然に山ができた

北海道の片隅、支笏洞爺国立公園内にある有珠山の東壮瞥村「東九万坪」の広大な麦畑地帯、なだらかな起伏のある美しい沃野で突然活発な火山活動がおこり、溶岩ドームができました。戦争中の混乱期だったため火山の活動の放送は禁止されており、この火山活動は知られませんでした。

ただの平地が毎日20センチメートルくらいの速さで隆起し、人家や道路が持ち上げられ、鉄道も隆起し、爆発が起り、噴煙を出し始め、噴火が引き起こり泥流が押し出され下の沢を埋ました。火柱が立ち、降灰の範囲が拡がり、火山灰も2メートルを越えるほどに堆積し、洞爺湖畔から徳舜瞥に及びました。作物は全滅です。

1日1メートルくらい、火口附近は数メートルという勢いでおい立って行きました。そして周囲2キロメートル、405メートルもの高さの火山が現れ、聳え立ちました。その火山は今もなお盛んに噴煙を吐いています。有珠山の側火山で、流紋岩質の粘性の高い溶岩により溶岩円頂丘が形成されています。標高398メートルです。

当時郵便局長だった三松正夫氏はこの突然の火山に関心をよせ、生成過程を観測し、記録し、スケッチしました。三松氏は火山保護のためにこの新山周辺の土地を購入しました。町民が所有する私有地で、世界的にも珍しい火山となりました。

稀有な現象の天地の変動が天地創造にも通じる「天地の変動」で新火山が造られました。私有地にある火山です。

1957年国の特別天然記念物に指定され、昭和新山を含む洞爺湖有珠山地域は2009年、「世界ジオパーク」日本第1号として登録されました。

第5章

世界にもいろいろな火山がある

30 太平洋の海山列はどのようにできたのか

太平洋の北半球には、ハワイからアリューシャン列島の西端まで続く海山が途切れることなく続いています。こんな規則的な海山の列がどうしてできたのでしょう。

北太平洋の西側には海山群があります。天皇海山列、北西太平洋海山列と呼ばれています。東経170度線に沿って南北に並ぶ海山の列です。

天智（てんじ）、神武（じんむ）、推古（すいこ）など古代の天皇の名が一つ一つの海山につけられています。1954年名付けられた、南北に並ぶ海山の列です。多くは大規模な平頂海山（ギヨー）です。十数峰の平頂海山が南北にほぼ一直線で連なります。周辺の海底は深さ6000メートルです。海山の頂上は深度124～2300メートルです。全長2500キロメートルと続き、いずれも火山島です。

また北太平洋中央部にあり、西北西から東南東方向に一直線で続く海山の列があります。海嶺とも呼ばれているハワイ海列です。

2200キロメートルの距離にわたって連なり、珊瑚礁や岩礁からなる33の島々を指します。ミッドウェー島付近からオアフ島を経てハワイ島の周辺にいたります。南東端のハワイ島では現在なお活発に火山活動が行われ、西へいくほど火山の生成年代は古くなります。

ハワイ州に属するハワイ群島は40万年～510万年前の年代からの活動です。

ハワイ島には、キラウエア火山とマウナ・ロア山の2つの活火山を含む5つの火山があります。

ロイヒ海山はハワイ島の沖の海面下で成長を続けています。ハワイ諸島では唯一の海面下に存在する成長

海山列

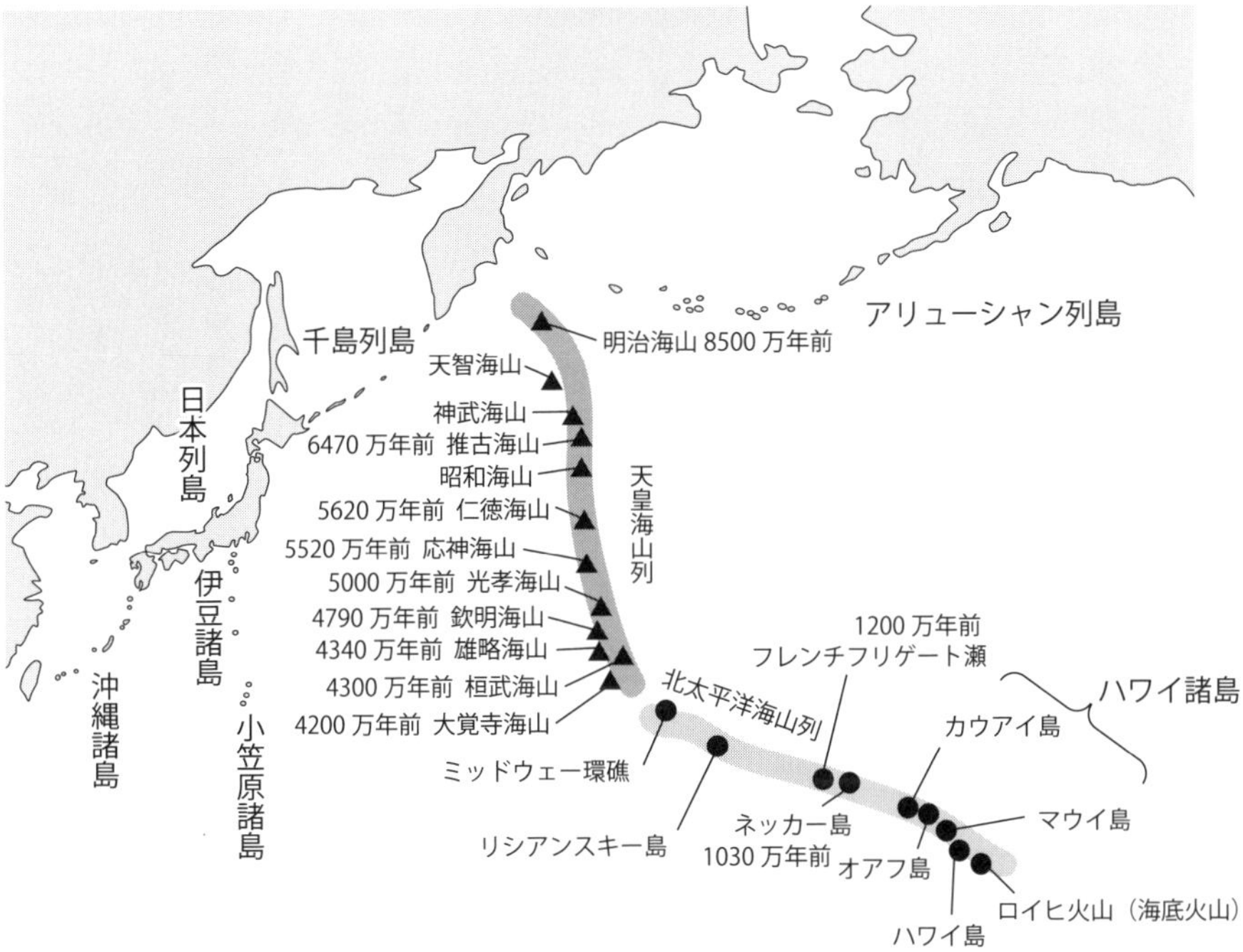
アリューシャン列島
千島列島
明治海山 8500 万年前
天智海山
日本列島
神武海山
6470 万年前 推古海山
昭和海山
5620 万年前 仁徳海山
5520 万年前 応神海山
5000 万年前 光孝海山
4790 万年前 欽明海山
4340 万年前 雄略海山
4300 万年前 桓武海山
4200 万年前 大覚寺海山
天皇海山列
伊豆諸島
沖縄諸島
小笠原諸島
北太平洋海山列
1200 万年前
フレンチフリゲート瀬
ハワイ諸島
カウアイ島
ミッドウェー環礁
リシアンスキー島
ネッカー島
1030 万年前
マウイ島
オアフ島
ロイヒ火山（海底火山）
ハワイ島

火山島・海山列とホットスポット

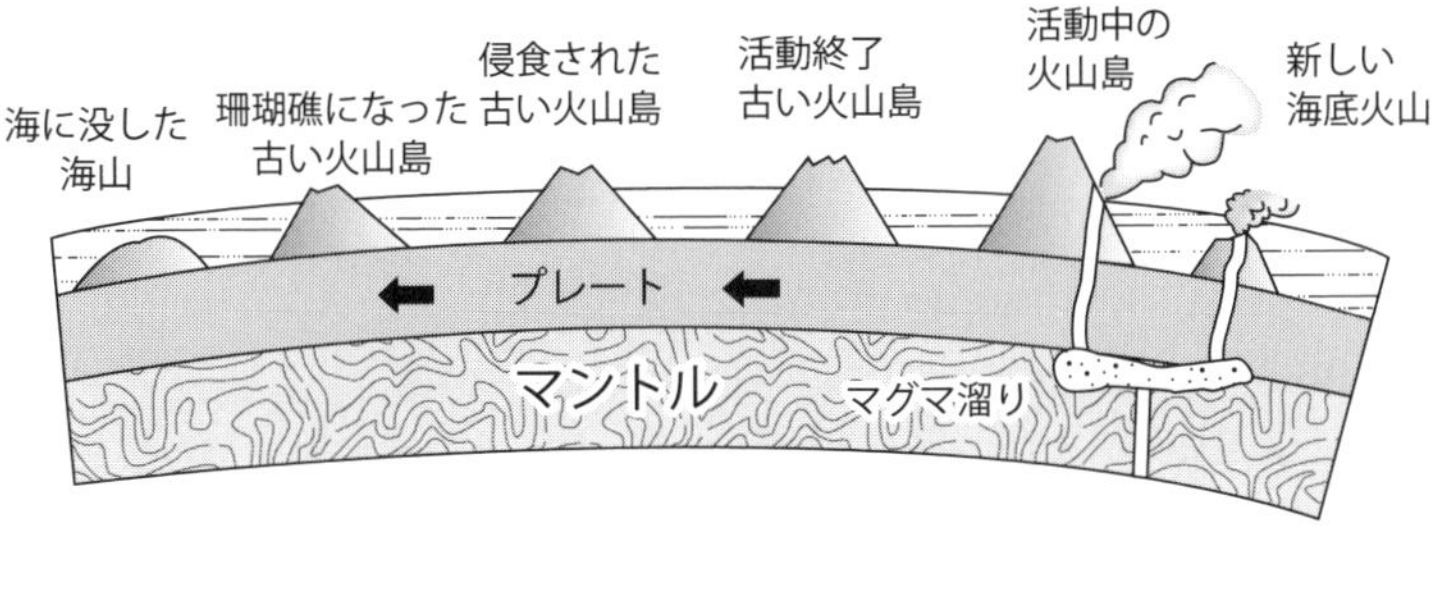
海に没した
海山
珊瑚礁になった
古い火山島
侵食された
古い火山島
活動終了
古い火山島
活動中の
火山島
新しい
海底火山
プレート
マントル
マグマ溜り

中の火山です。リーワード諸島とも呼ぶ北西ハワイ諸島の年代は720万~2770万年です。火山活動はすでに終了し、そのほとんどは環礁や環礁島となったか消滅しています。マウナケア山は4207メートルで最高峰です。ミッドウェー島から先は、方向を北寄りに変え、天皇海山列となってアリューシャン列島に続きます。

これらの海山列はハワイ諸島を除きマントルの高温岩体の噴出口でした。ホット・スポットでは上昇してきたマントルが地表か海底の近くでマグマになり、噴き出してきます。

これらの海山列はハワイのホット・スポットによってつくられた火山です。ホット・スポットの位置は変わりません。海洋地殻が移動することにより噴火していた火山も移動し、さらに移動していけば、海洋地殻がマグマの供給源から離れるため噴火の頻度が減少していきます。

マグマの供給が断たれれば、火山の活動はなくなり、火山の侵食と海底の地盤沈下により次第に火山は小さくなっていきます。そして沈下と侵食によって最初に環礁島または環礁となり、さらに海面より沈下すると海山または平頂海山となっていきます。しかしマグマが供給されませんから火山としての活動は起こりません。ホット・スポット型の噴火活動の特徴を表わしています。

なお天皇海列とハワイ海列は屈曲しています。途中の屈曲は過去に太平洋プレートの運動方向が変化したためと考えられています。

一見海山列のように見えますが、アリューシャン列島は沈み込み帯で見られる海洋性島弧です。アリューシャン海溝沿いでは、太平洋プレートの岩石圏が45度近くの傾斜角で海溝に沈み込んでいます。そのためアリューシャン列島およびその周辺では火山活動が活発です。

西部アリューシャン列島最大の火山島であるセミソポシュノイは海抜2000メートルの火山で、直径8キロメートルのカルデラがあります。

アリューシャン列島の火山は「海溝型」で「ホット・スポット型」の海列とは、成因が相違します。

31 世界の火山帯と主な火山の分布

火山は世界中に分布しています。その分布はすでに述べてきた通り3つの場所「海溝型」「海嶺型」「ホット・スポット型」に限定されて分布しています。「海溝型」は、大陸の縁、変動帯に形成される火山ですが、プレートの沈み込む海溝付近に分布し、火山帯を形成しています。

火山帯は、火山が列をなして分布しているところを指しますが、日本では太平洋プレートの沈み込みに起因するところを東日本火山帯、フィリピン海プレートの沈み込みに起因するところを西日本火山帯と呼んでいます。

世界を見ると日本を含んで太平洋を火山が取り巻いていますが、火山が弧状列島に帯状に分布する環太平洋火山帯は、太平洋の周囲を取り巻く火山帯のことで日本列島のような火山列島や火山群のことです。

環太平洋火山帯には世界の活火山の60%が集まっています。これらの火山は「海溝型」の火山です。「ホット・スポット型」の火山や「海嶺型」の火山はふくまれません。多くは海溝と並行しています。

環太平洋火山帯は環太平洋造山帯ともいわれています。またアルプス・ヒマラヤ造山帯とともに世界の2大造山帯です。造山帯自体がプレートの海溝への沈み込みや衝突で形成されます。

アルプス・ヒマラヤ造山帯は、環太平洋造山帯ほどではありませんが、地震や火山の多い地域で地中海火山帯と呼んでいます。イタリアから地中海北岸を東に連なる火山帯です。ストロンボリ、ブルカノ、ベスビオ、サントリニなどの火山があります。さらに地中海北部からギリシアを経てコーカサスにいたる第四紀（過去約258万年間）の火山の分布する地域も含まれ

環太平洋火山帯と活動

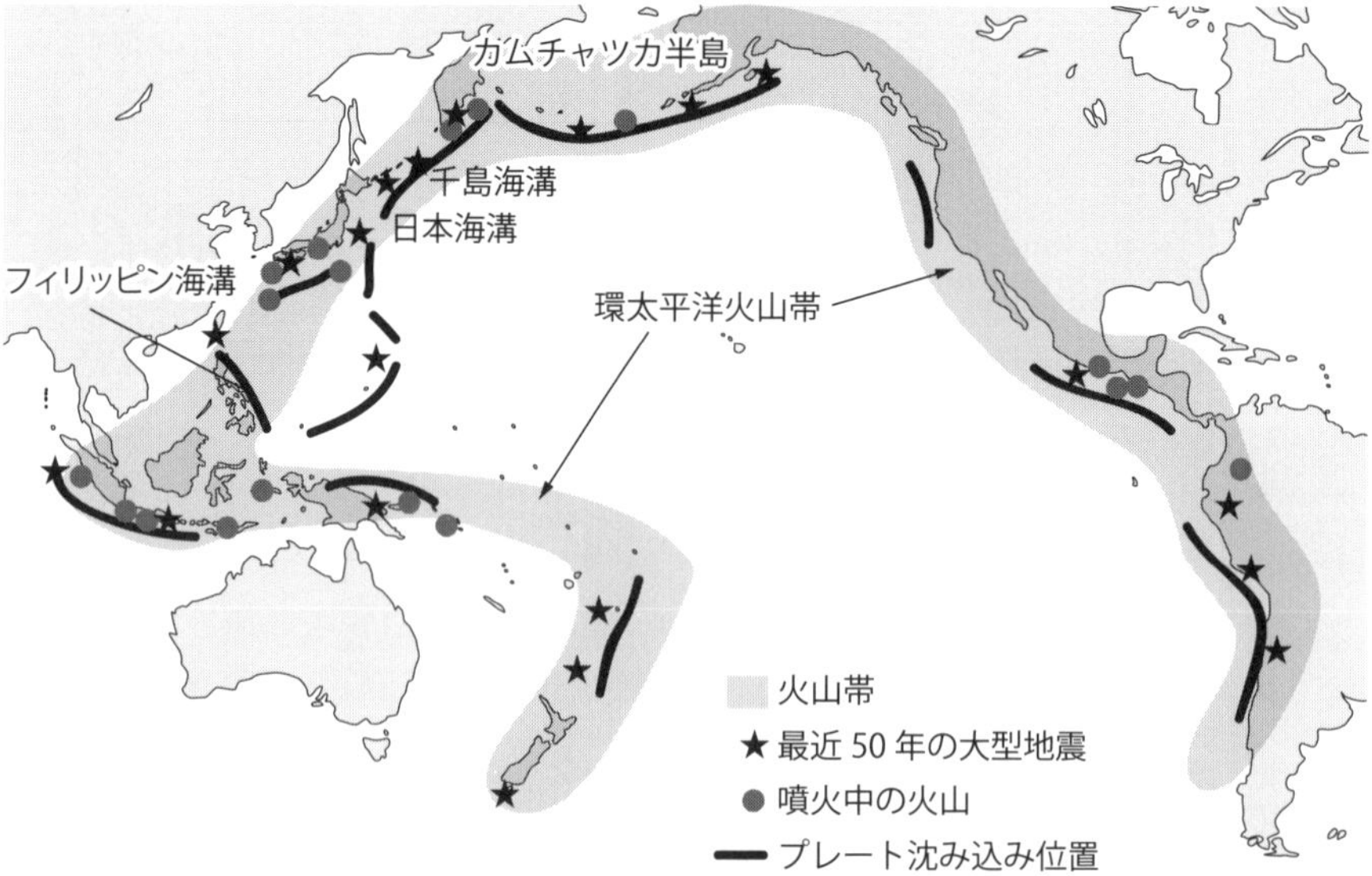

世界の造山帯

造山帯＝火山帯

ています。

環太平洋火山帯は、南米大陸の南端から中米・北米を経てベーリング海峡、アリューシャン列島、カムチャッカ半島、千島列島、日本列島、小笠原諸島、フィリピン諸島、大スンダ列島、ニューギニアからメラネシア、ニュージーランドへとさらに南極大陸の火山に連なっています。周囲が4万キロメートルのU字型です。452の火山が分布しています。

ピナツボ火山はフィリピンのルソン島西側にあります。1991年に20世紀における最大規模の大噴火を引き起こしました。

フィリピン・ルソン島南部にあるマヨン山の火山活動も活発化しています。

太平洋の反対側では米アラスカでマグニチュード（M）7・9の大規模地震が発生しました。

インドネシア・バリ島のアグン山、インドネシア北スマトラ州のシナブン山、群馬県の草津白根山などは2018年噴火した火山です。

ヨーロッパ最大の活火山といわれるイタリア南部シチリア島のエトナ火山は、成層火山です。非常に活発で数カ月おきに噴火しています。ベスビオ火山は、イタリアのカンパニア州に位置し、歴史的に大規模な噴火を繰り返している火山です。紀元79年の大噴火でポンペイを火砕流が埋め尽くしました。1631年1944年にも噴火しています。ストロンボリ島は、イタリア地中海のティレニア海エオリエ諸島に属する火山島です。

火山帯では、どこかでいつも火山が噴火しています。いずれも「海溝型」の火山です。

環太平洋火山帯には世界の活火山の 60%が集まっているんだね。
日本もスッポリこれに入っているね

32 世界の気候が変わってしまう破局噴火

噴火すれば地下のマグマが一気に地上に噴き上げ、世界を滅ぼすほどの壊滅的な被害をもたらし、環境変化を引き起こす大噴火、それが破局噴火です。超巨大火山でスーパーボルケーノといいます。

今から200年前の1815年、インドネシアのタンボラ山が大噴火を起こし、村が丸ごと消滅しました。地球全体の気温は数℃低下し、世界中で飢饉がおこり、疫病が蔓延しました。

この噴火で直径6キロメートル、深さ1100メートルの巨大なクレーターが形成されました。これは歴史上最大規模の噴火とされています。イタリアの古代都市ポンペイを消し去ったベスビオ山の噴火の20倍の規模でした。

このタンボラ山の噴火によって、地球の大気に灰や硫黄が漂い、太陽の光を遮断し、世界的な気温が1・7℃も低下しました。

1991年のフィリピンのピナツボ山の破局噴火では地球の気温が0・5℃低下しました。このような規模の気候変動が起これば、世界の農作物への被害も甚大となります。

日本で破局噴火が起こる可能性が懸念されています。薩摩硫黄島は、薩摩半島の南約50キロメートル、薩南諸島（種子島～与論島）の北部に位置する人口126人の小さな島です。硫黄島は、マグマの下にある大きなマグマ溜りの影響で、隆起が起こり続けています。世界最大級となる溶岩ドームは東西22キロメートル、南北19キロメートルのカルデラ内に形成されています。桜島の10倍ほどの早さでの成長です。

2019年には鹿児島県、口永良部島の新岳が噴火しました。口永良部島の新岳は鬼界カルデラの外輪山

破局噴火と気候変動

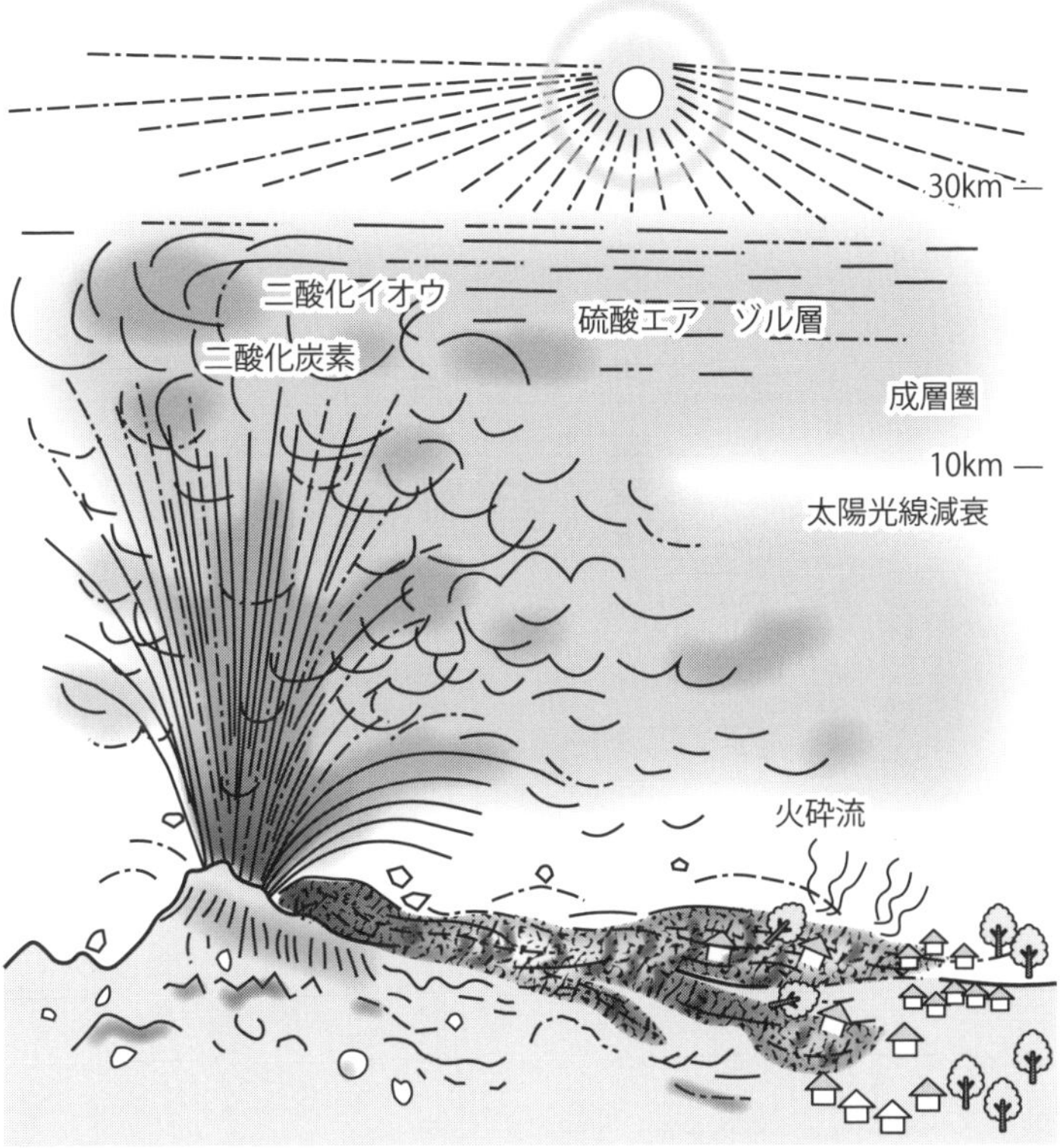

気候変動の影響を受けた破局噴火の例

火　山	噴火年	場　所	災害まで
サンタマリア	1902－1908	グアテマラ	町が溶岩で埋没　1706人死亡
セントビンセット	1929	英国領カリブ海	成層火山、イオウ放出、火砕流
カトマイ	1912	アラスカ	火山の山頂崩落、1万本の噴煙
カラカトウ	1883	インドネシア	噴煙70～8km、165の村が破壊
ピナツボ	1991	フィリピン	地球規模で気候破壊、火山泥流毎年
セントヘレンズ	1980	米国ワシントン	高速道路300km破壊、山体崩壊
タンボラ	1815	インドネシア	12万人死亡、火山灰半径1000km
浅間山	1783	日本	町を壊滅、火砕流、泥流1624死亡

に位置し、薩摩硫黄島の近くにあり、カルデラ噴火につながる可能性も考えられます。大爆発があれば、日本を壊滅させ、上海や香港、中国沿岸部を壊滅させるほどの大津波（高さ約25メートルと予想）を引き起こすと考えられています。なお薩摩硫黄島が「世界で最も危険な火山」と考えられています（マンチェスター大学、ザイルストラ教授）。

イタリアの南部、ナポリ西部をいだくフレグレイ平野は、多数の火砕丘を含む長さ13キロメートルにもおよぶカルデラ、超巨大火山です。

アグン山は、バリ島の北東部に位置する火山で２０１７年から２０１８年にかけ噴火し続けていました。

フィリピンの首都マニラから車で約1時間、タール火山は活動的な活火山で、カルデラ内には中央火口丘があります。阿蘇山も、カルデラ噴火（破局噴火）が恐れられています。

米国のイエローストーン国立公園に地球全体を変えてしまうほどの威力を秘めた巨大火山が存在します（『天変地異の科学』Ｐ１０４、１０５参照）。地球規模の環境変化や大量絶滅の原因となる破局噴火の可能性が高まっています。そこで現在「マグマ溜りまで掘削して火山を冷却する」という計画を進めています。マグマは十分に溶けた状態でないと噴火できないので、35％のマグマを冷却すれば固体化させられ、超巨大噴火を防げると検討されています。地下10キロメートルまでを掘削していく、という考えです。

爆発すれば、火山灰が火山を中心として直径１６００キロメートルの範囲まで降下し堆積し、米国の75％が火山灰に覆われると見積もられています。

一度噴火すれば世界を滅ぼすほどの壊滅的な被害をもたらす破局噴火。
こわいね～！

33 「ホット・スポット型」キラウエア火山の特徴

ハワイ諸島のキラウエア火山はハワイ島の南東部に位置し、西隣のマウナ・ロアと共にハワイ火山国立公園を構成している、ハワイで唯一の世界遺産です。60万年前から30万年前に形成され始め、10万年前に海面上に現れました。現在もなお噴火が続いています。

ハワイ―天皇海山列の噴火活動をつくってきたホット・スポットが、いまキラウエアの活動の原動力です。キラウエア火山は緩やかな傾斜で、底面積が広く、粘性が低い流れやすい玄武岩質溶岩からなっています。

ハワイ島の南の沖にある噴火活動が盛んなロイヒ海山は成長中の海底火山です。キラウエア火山の標高は1247メートルと低く、隣のマウナ・ロア山は4169メートルと世界最大の巨大な楯状火山です。

キラウエア火山には、頂上付近に大きなカルデラがあります。直径約4・5キロメートル、深さ約130メートルのカルデラの中にはいくつかの火口があり、その中で最も大きい直径800メートルのハレマウマウ火口は、1983年に大噴火を起こして以来毎年のように噴火を起こしています。これらの火山はハワイ諸島の中では最も火山活動が活発です。

キラウエア火山は、穏やかな噴火ですが、1983年割れ目噴火の活動が始まり、オーバールック火口の溶岩湖が2018年の噴火で消失しました。ほぼ連続的に噴火を続けています。ハワイ式噴火は、マグマのしぶきや溶岩が連続的に流れ出る、非爆発的タイプの噴火です。マグマのしぶきを連続的に噴水のように放出する溶岩噴泉をともない爆発的な噴火は稀です。

ハワイ島には5つの火山があり、プレートの移動に伴いコハラ火山とマウナケア火はマグマ源から離れてしまい、火山活動が終わりました。

キラウエア火山

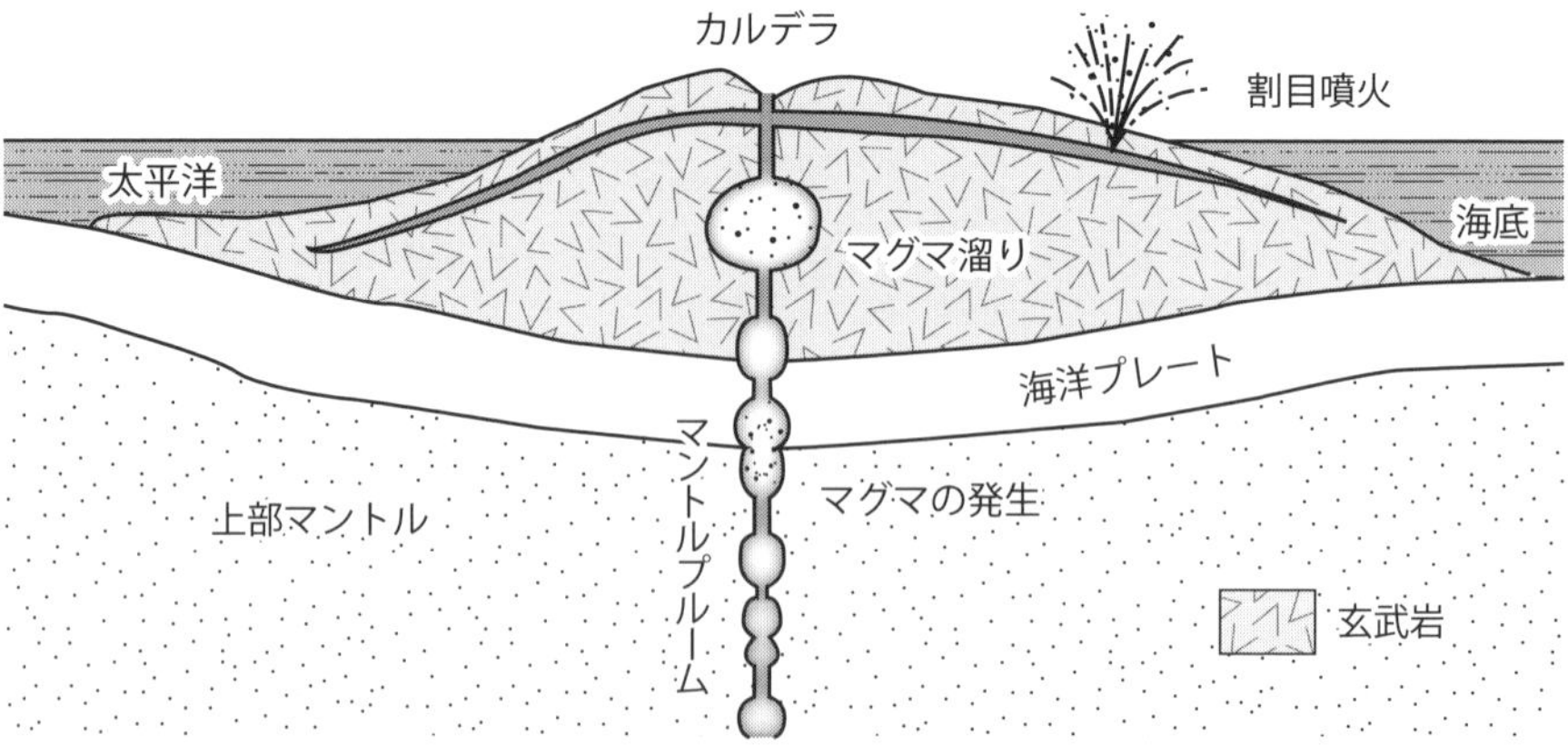

ハワイ諸島は北西へ移動する太平洋プレート上の、ホット・スポットと呼ばれるマグマ活動により順次形成されました。

ハワイ諸島

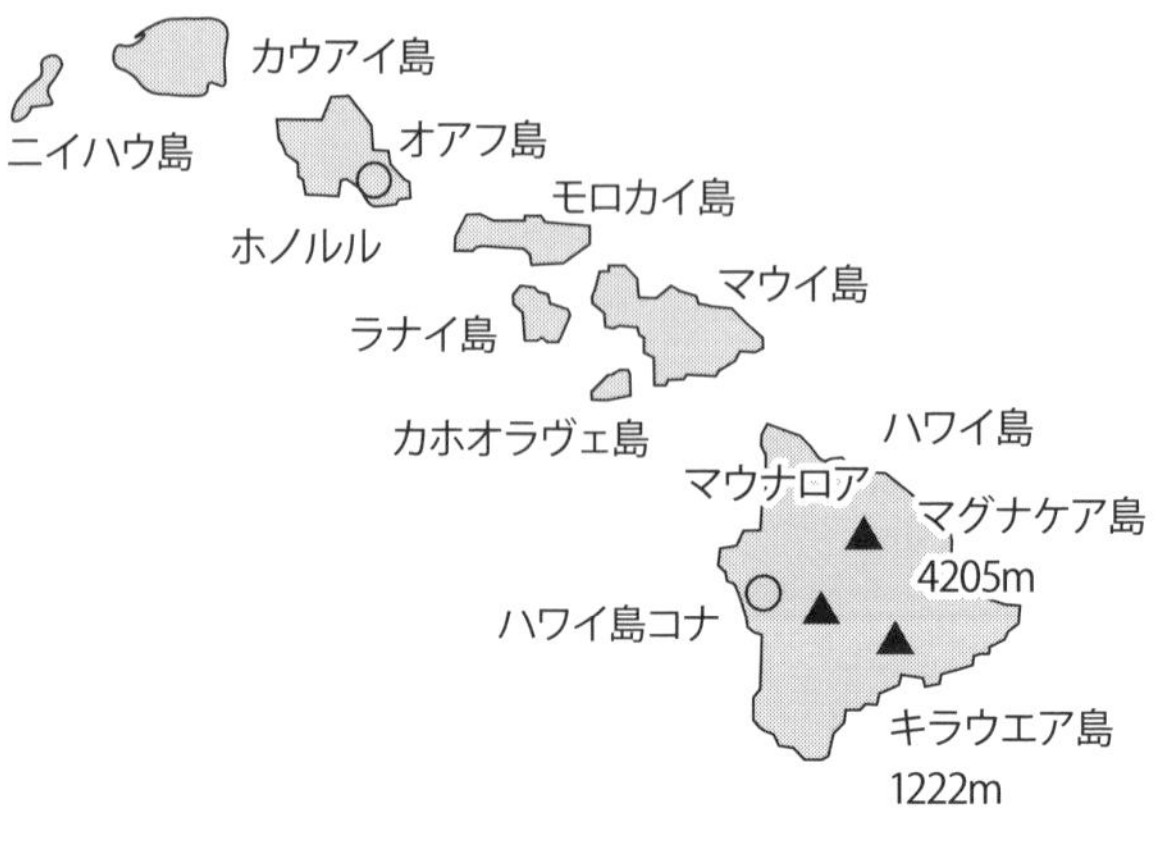

34 大量の火山灰放出ピナツボ山の大噴火は、火山爆発指数6の「並外れて巨大」

ピナツボ山はフィリピン海プレートがマニラ海溝から西へ向けてユーラシアプレートの下に潜り込むことによって形成された火山です。

フィリピンにはマヨン火山やタール火山など活火山が84以上あります。ピナツボ山をはじめいずれも「海溝型」の火山です。

ピナツボ山は、フィリピンのルソン島西側にある火山です。1991年に20世紀最大規模の大噴火を引き起こしました。噴火前1745メートルの標高が250メートルも低くなり、噴火後1486メートルになりました。

サンバレス州、バターン州、パンパンガ州の境界上に位置するピナツボ山は、マニラから95キロメートルの距離にあります。密林が山を覆い、先住民数千人がすむ目立たない山です。

それが400年ぶりに1991年噴火しました。噴煙は34キロメートルまで上昇し、成層圏に届きました。カリフラワーのような形をした灰色の火山灰の雲が上昇し、火砕流がピナツボ山山腹を猛スピードで流れ下りました。

1000℃の火砕流は空気中で燃焼し、光や火花を飛び散らし、進路にあるものすべてを焼き尽くし、灰へと変えていきました。その規模と激しさは20世紀最大級だった、といわれています。周辺地域に火砕流、火山灰が堆積し、雨水がしみこんで流動化する火山泥流が発生しました。田畑、集落、街を埋没させ、さらに数千戸の家屋が倒壊するなど甚大な被害を出しました。

火山泥流は噴火後も毎年のように発生し続けています。

ピナツボ火山

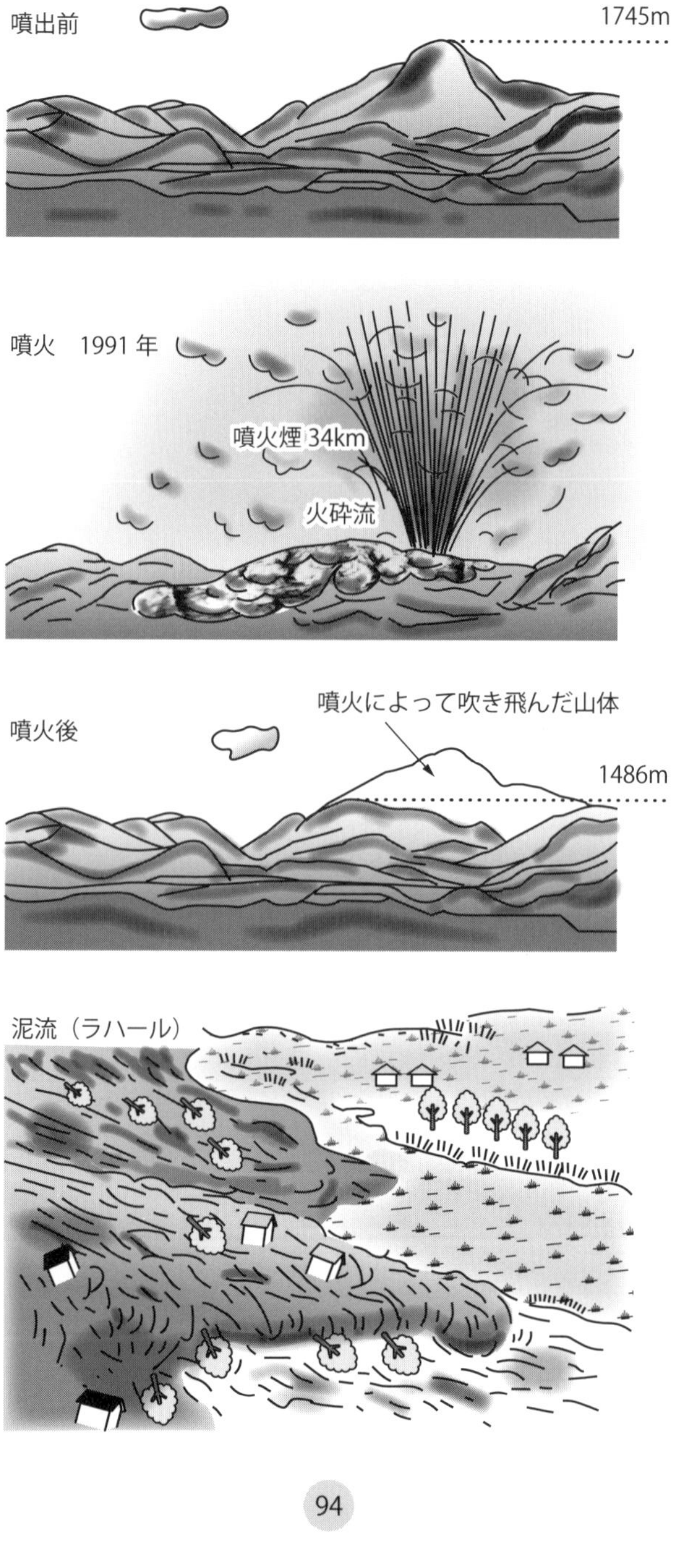
噴出前
1745m
噴火　1991 年
噴火煙 34km
火砕流
噴火によって吹き飛んだ山体
噴火後
1486m
泥流（ラハール）

噴火の影響は世界中に及びました。火山灰が大気中に放出されエアロゾル（気体中に浮遊する液体または固体の粒子）の状態になります。火山灰の漂う成層圏（対流圏の上に位置し地上から約50キロメートルまでの層）では、火山灰エアロゾルが太陽光線を吸収、散乱し、気温が上昇します。そして太陽光が減少し、地上では気温は低下します。

全球規模の硫酸エアロゾル層を形成し何カ月も残留しました。地球の気温が約0・5℃下がり、オゾン層の破壊も進みました。

肥沃な火山性土は農耕に適し、多くの人々が米などの主食を栽培していました。しかし大半の渓谷が分厚い火山堆積物の底に埋もれ、川は堆積物に塞がれ、谷あいでは頻繁に火山泥流が発生するようになりました。農業へも大被害をもたらしました。

高温の火砕流堆積物が最大層厚200メートル14・0億立法メートルも堆積したため、噴火によって生じた膨大な量の火山性堆積物は、降雨によりラハール（泥流）となって繰り返し流出し、二次爆発とラハールによってピナツボ山周辺の河川は流出し氾濫し、下流の集落や農地、幹線道路などを襲いました。そのためラハールによる被害を防御、低減させるために多くの砂防施設を建設しました。

これと時を同じく、1991年に噴火したのが雲仙普賢岳です。噴火の規模の大きさには違いがありますが、ピナツボ火山も普賢岳も高温の火砕流堆積物に厚く覆われ、火山灰を大量に降らせ、火砕流を発生しています。

ピナツボ火山は、過去に何回もの噴火で陥没、溶岩ドームとカルデラの作成を繰り返しています。その度に大量の降下火砕物を噴出・堆積させ、大規模な火砕流を周辺地域に流下・堆積させました。

噴火のたびごとに、大規模な火砕流がピナツボ火山周辺の谷地形の中を何回も流下し、谷地形に埋積し、豪雨時にラハールとなって、下流の平野部に流下しました。ラハールは流下速度が遅くなると、広大な扇状地を形成しました。

35 富士山に似ている欧州最大のエトナ火山

エトナ火山はヨーロッパ最大の火山でイタリア南部のシチリア島東部に位置しています。標高は３３５０メートルで、山体直径は約40キロメートルと富士山に似た規模です。一見富士山のような形をしているため「シチリアの富士山」といわれる、世界で最も活発な成層火山です。頻繁に噴火を起こしています。

数年に一度は大量の溶岩流を流出し、麓の町の脅威となっています。ストロンボリ式噴火で、危険な火山とは見なされていません。アルプスを除けばイタリアでは最も高い山です。世界遺産になっており、ヨーロッパ屈指の火山観光地です。数千人が斜面とふもとに住んでいます。火山麓扇状地に発達する水はけの良い土壌のため果樹、ぶどうが栽培され、ワインの製造もおこなわれています。

エトナ火山の火山噴火活動は、50万年前から始まっています。30万年前は、現在の山頂より南西の地区において火山活動が活発でした。30万年前以前にも大規模な噴火を繰り返したことが知られ、17世紀には麓の都市カターニャの大部分が溶岩流の下に埋まるという悲惨な事件が発生しています。ストロンボリ式噴火です。

最近では２０１５年噴煙が高度約７０００メートルにのぼりました。エトナ山の噴火活動はほぼ継続的で、頂上地帯の数々のクレーター、噴石丘、溶岩流、ヴァッレ・デ・ボヴェ爆裂火口など、多様な特徴を示しています。

シシリア島の東部はアフリカ大陸の圧力を受け常に亀裂を生じマグマの流出を増大させ、それがエトナ火山を造り出しています。

エトナ火山は溶岩流出の噴火と爆発的噴火が交互に

エトナ火山と地震発生分布

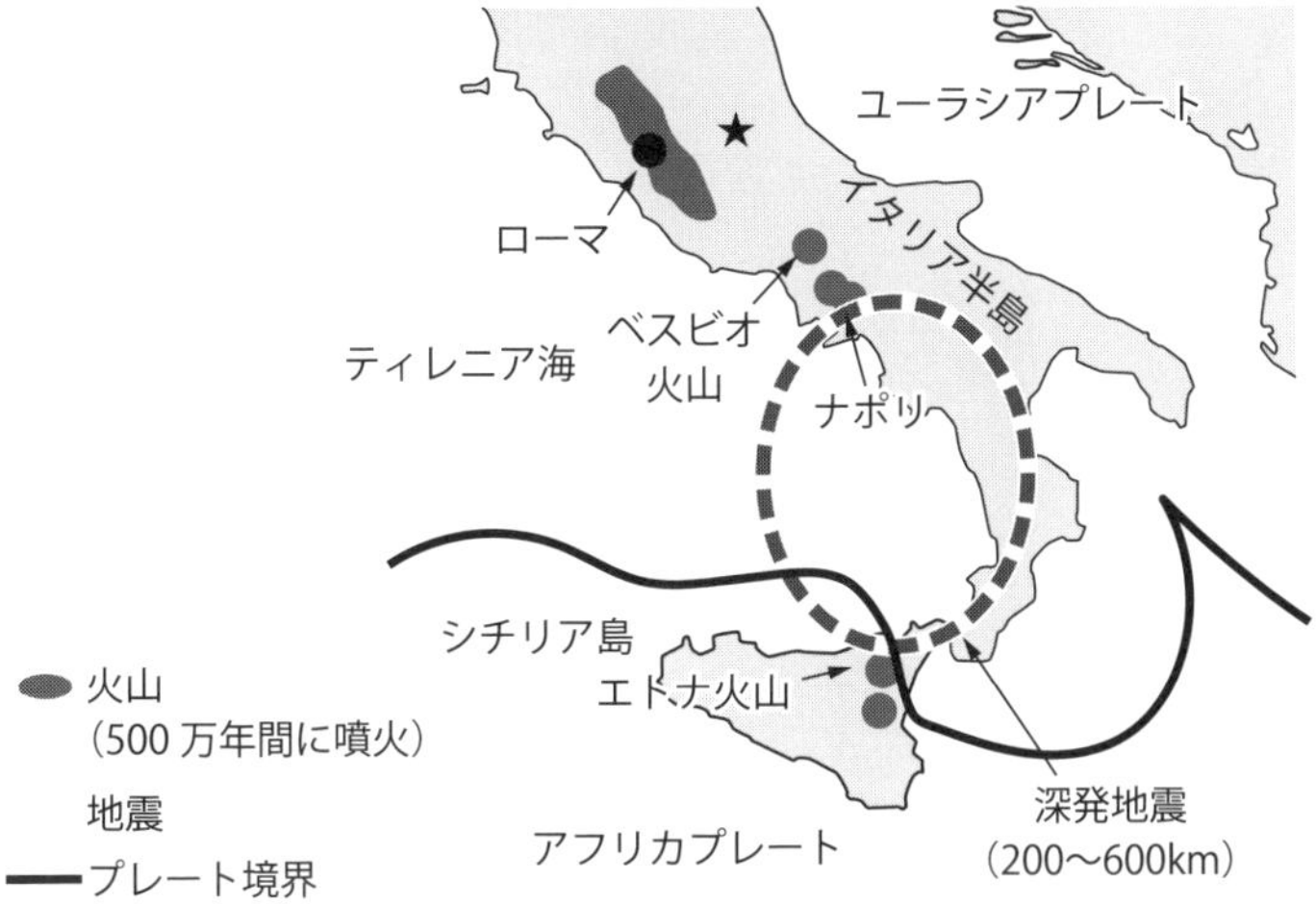

アフリカプレートがユーラシアプレートの下に沈み込む

起こることによって特徴づけられています。火山灰、火山礫を噴き出し、玄武岩溶岩流で、ときに爆発的です。地形を破壊したり、ニチト湖の例のように湖を枯渇させ、ニチト湖は溶岩流によって埋められ、魅惑的な景色が広がります。

エトナ火山周辺では火山活動にともなうとみられる大地震が起きています。火山の成因は諸説あり、まだ有力な成因にはいたっていません。島弧火山やリフト火山ではなさそうと考えられています。ホット・スポット火山の可能性もあります。

エトナ火山はアフリカンプレートとユーラシアプレートの境界付近にあたり、プレートの衝突ないし沈み込みによる火山活動かもしれません。

一口メモ

ヨーロッパ最大の火山は、イタリアにあるエトナ火山。高さや形がとても富士山に似ている。

36 アイスランドに見られる海嶺
――海底火山山脈

アイスランドは、北大西洋に浮かぶ東西５００キロメートル南北３５０キロメートルほどの、北海道より少し広い面積の島です。「火の国」と呼ばれ、アイスランド移住が始まるのは紀元9世紀ですが、それ以後に30の活火山が噴火しています。アイスランドは世界で火山活動が最も活発な国です。

アイスランドはプレートが形成される大西洋中央海嶺の真上に位置しています。プレートの形成が観察できる地球上で唯一の特殊な場所です。アイスランドの火山群だけで、この５００年以上の間に地球上で噴出した溶岩の総量の３分の1を噴出してきたともいわれています。

アイスランドは大西洋中央海嶺のプレート拡大境界が北西方向で島を横切っています、その境界では地殻が割れ、今まさにプレートが広がりつつあります。この割れ目から、地下からの大量のマグマが地表に上昇し、噴出しています。アイスランドでは、1つの噴火口からの噴火だけではなく、しばしば割れ目からの噴火なども見られます。

30の活火山の中で、最も活発な活動をしているのは、グリムスヴォトンでラキ火山やエルトギャウ、カトラ火山などからなる火山帯です。スカフタ噴火は１７８３年から１７８４年にかけて起きた噴火です。この噴火は、ヴァトナヨークトル氷河の南東にある火山が原因です。これらの噴火で、アイスランドの人口の約4分の1が火山灰などの影響による気候変動や、火山灰や火山の有毒ガスによる家畜の死亡などを原因とする飢餓によって犠牲者となりました。溶岩噴泉は高さ１４００メートルに達しました。

１７８３年にはその横のグリムスヴォトン火山と

アイスランド中央海嶺

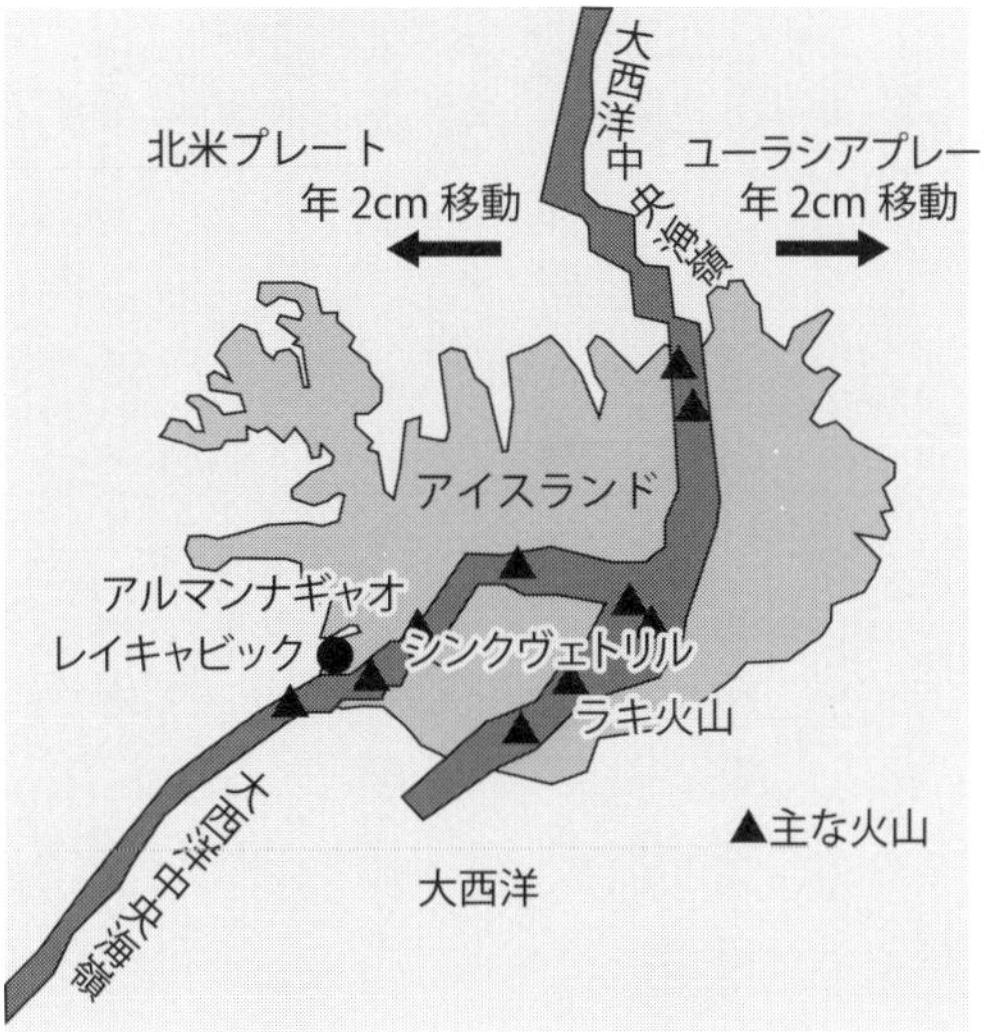

ラキ火山の割れ目噴火

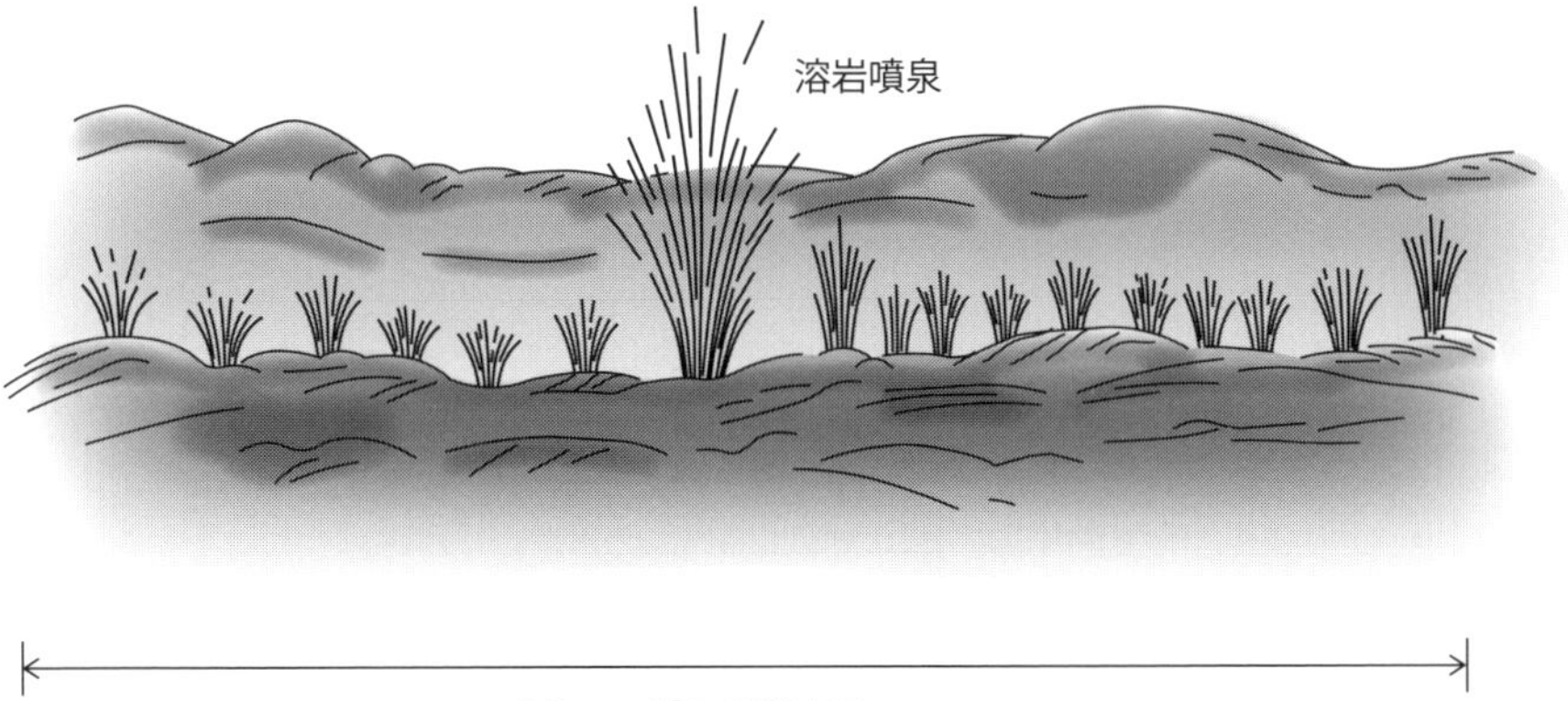

相次ぎ噴火し、大量の溶岩と火山灰を発生させました。火山爆発指数（ＶＥＩ）は６で巨大な噴火でした。長さ26キロメートルにわたり１３０もの火口が形成されました。線状噴火（割れ目噴火）です。噴火は収まりながら、プリニー式噴火、ストロンボリ式噴火、そして溶岩流を主体とするハワイ式噴火へと変わりました。

なお空気中に１億２０００万トンもの二酸化硫黄が放出されました。これは、１９９１年のピナツボ山噴火に匹敵します。

日本では、天明の大飢饉の原因となった１７８３年（天明３年）の浅間山の噴火と重なって世界的冷害が発生しました。成層圏に昇った霧は北半球全体の空をおおい、日射をさえぎって世界的な気候の寒冷化を引き起こしました。

なお火山噴火は玄武岩質マグマの割れ目噴火が主体でした。

ヘックラ火山は首都のレイキャヴィークから東へ１２０キロメートルの位置にそびえる成層火山です。中心火口からでた熔岩の流出と火山砕屑物の放出とが繰り返し交互に累積して形成されている円錐状の標高１４９１メートルの火山です、液状の玄武岩質溶岩流による斜面は緩やかな傾斜を有しています。

このほかヘックラ火山は１９４７年噴火煙が上空30キロメートルまで達したほどで、溶岩流は40平方キロメートルを覆い尽くしました。

ウエストマン諸島のヘイマエイ火山は１９７３年噴火しました。約５３００人の島民が避難し、町の半分が溶岩に侵され、残る半分も厚い火山灰で覆われてしまいました。

アイスランドは島の10％を広大かつ厚い氷冠が覆います。最大の氷冠ヴァトナヨクトルは東西１２０キロメートル、南北90キロメートルで、最大厚さは１０００メートルという規模です。多くの火山を覆い隠しています。

地殻が裂けて東西に広がりつつある場所をギャオといい、その広がるスピードは平均年間２センチメートル程度に過ぎません。ギャオは「割れ目」「峡谷」などの意味で・多くの場合数十メートル～数キロメートル連続して続きます。幅は数十センチメートル～十数

柱状節理

玄武岩、アイスランド南部 Vik

メートルです。大地がゆっくり裂けつつあることの直接の証拠です。

世界遺産のアルマンナギャオの最大幅は約10メートルで、溝の西と東で最大30メートルほどの段差があり、東側が落ち込んでいます。東側はユーラシアプレート、西側は北米プレートです。割れ目から噴出する玄武岩質マグマの供給源は地下10キロメートル以深と推定されています。

陸化した海嶺は、マグマの隆起によってもり上がり、陸上に顔を出した火山島と考えられています。マグマが割れ目から噴出しています。写真（第1章5項）の道路が割れ目ですが、数千年の間隔をおいて噴火します。

アイスランドでは、国全体ではいつもどこかの火山が噴火活動を起こしています。

Column

深海底で莫大な溶岩が流れ出ている

陸上で玄武岩溶岩が流れ出、巨大で広大な大地をつくります。デカン高原の洪水玄武岩の台地はデカントラップと呼ばれ白亜紀〜暁新世の噴出で6800万年〜6000万年前にわたり、溶岩が流出しました。50万平方キロメートルという富士山100個分以上の体積に相当する玄武岩が数百回以上の噴火を繰り返し、日本の約1.5倍の面積50万平方キロメートルに広がって高原を形成しました。

海底でもこのような陸上と同じような玄武岩マグマの噴出が起こっています。海の底の様子は音波で海底地形を調査するほか、スポット的に潜水調査船で調査がなされていますが、わからないことだらけです。何分海底は真っ暗闇で明かりをつけないと景色は見えません。

有人潜水調査船の調査で世界最大級といわれる溶岩流が南米沖3400メートルの深さで日本の研究者によって発見されました。その巨大台地は340平方キロメートルで東京23区内の半分ほどにもなります。堆積は19立方キロメートルにもなります。溶岩台地になっています。溶岩は玄武岩で海中での噴出ですから枕状溶岩が形成されています。

この世界最大級の溶岩流が繰り返し流出していけば、どのくらいの厚さになるのか、海底溶岩台地が将来台地として陸になっていくでしょう。

この流出場所は中央海嶺の近くです。マグマが中央海嶺をつくるマグマと同じか、ホットスポットか、今後追及されていくでしょう。

洪水玄武岩の噴出は大陸の分裂など、地殻が引き裂かれて発生した亀裂などに由来すると考えられています。

深海底への調査が進んでいけば、地球のでき方やプレートテクトニクス、ホットスポットの関係などももっと鮮明になるでしょう。

第6章

火山を利用する
―地熱、農業、
景観・観光

37 地熱資源と発電

地熱発電は、二酸化炭素を排出しないため次世代のクリーンエネルギーとして注目されています。熱水や蒸気が供給されれば、天候に左右されないため一年中安定して、エネルギーが確保できます。火山が生み出す再生可能エネルギーです。

地熱資源は無尽蔵に地下に埋蔵されています。熱を蒸気として取り出せば、タービンを回して電気に変換できます。資源は、坑井から蒸気だけが噴出する「蒸気卓越型地熱資源」と熱水まじりの蒸気が噴出する「熱水型地熱資源」があります。

地熱エネルギーは、地球の誕生以来、地球の内部に蓄積され、火山活動を通して地表から放出されています。火山活動の原動力となる「マグマ溜り」が地熱エネルギーを生み出す熱源となります。

地熱は1000℃に達する巨大な熱源です。マグマ溜りはどの火山も熱源から数キロメートル～10キロメートルに存在しています。マグマから放出された水分や地表からの雨水が、250～300℃の蒸気や熱水になり蒸気や熱水が器の役目をもつ断層に生じる亀裂（割れ目）の密集しているところに溜り、逸散・拡散しないような水の通りにくい帽岩（不透水層）が蓋の役目をして、蒸気・熱水を閉じ込めます。そして閉ざされた環境であれば、貯留していきます。地熱資源はマグマ溜りの熱で熱せられ、取り出され、発電の原料となります。

地熱は地熱発電のほか、温泉（浴用）、暖房・農業用、工業用といった用途があります。

世界最大規模の地熱地帯は米国のザ・ガイザーズ地熱地帯です。地熱発電の資源量は、米国が第1位（3900万キロワット）で2位は海溝型火山からな

日本の地熱発電所

1 北海道 森発電所
2 岩手県 松川地熱発電所
3 秋田県 澄川地熱発電所
4 秋田県 大沼地熱発電所
5 岩手県 葛根田地熱発電所 1、2 号
6 秋田県 上の岱地熱発電所
7 宮城県 鬼首地熱発電所
8 福島県 柳津西山地熱発電所
9 東京都 八丈島地熱発電所
10 大分県 杉乃井地熱発電所、五湯苑地熱発電所
11 大分県 滝上発電所
12 大分県 大岳発電所
13 大分県 八丁原発電所 1、2 号・バイナリー発電設備
14 大分県 九重地熱発電所
15 鹿児島県 霧島地熱バイナリー発電所
16 鹿児島県 大霧発電所
17 鹿児島県 山川発電所

（ブリタニカ国際大百科事典）

世界の地熱発電設備容量

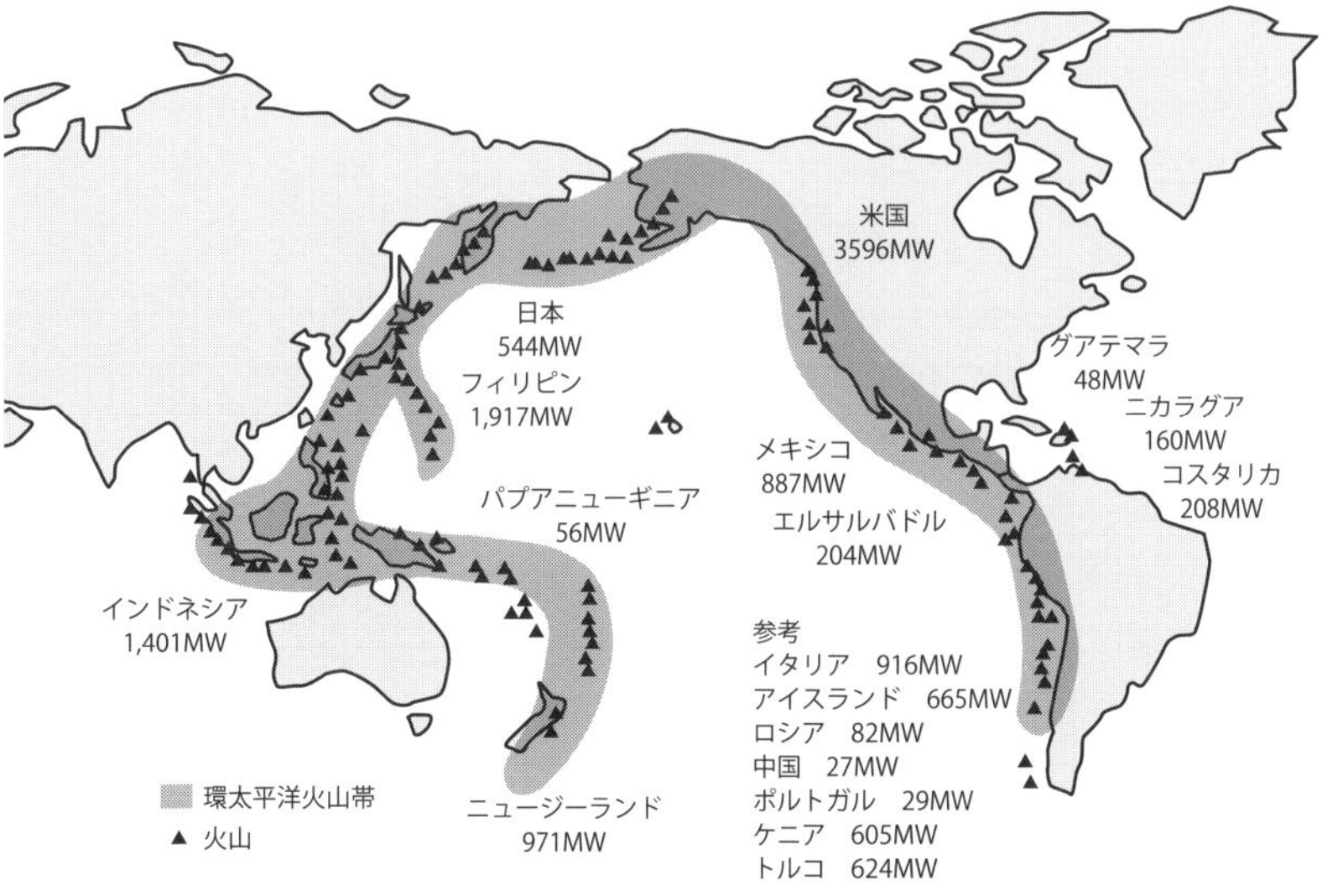

BP Statistical Review of World Energy 2016を参考

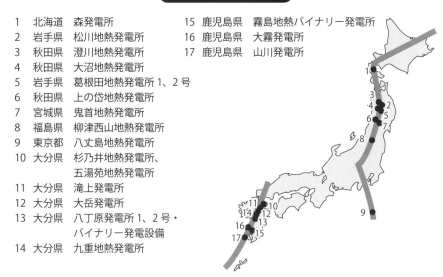

るインドネシアで2700万キロワットです。日本は3位で2300万キロワットです。

したがって日本は世界有数の地熱資源国といえます。発電設備容量を見ると、1位米国309・9万キロワット、2位フィリピン190・4万キロワット、3位インドネシア119・7万キロワットです。日本は10位で53・6万キロワットです。地熱資源が豊富なニュージーランド、アイスランド、ケニアでは、著しい地熱開発の伸びを示しています。しかし、日本は地熱資源に恵まれているにもかかわらず、地熱開発が成功していません。日本は、造山帯のため、褶曲や断層が発達しており、蒸気が四方八方に逸散されるため、地熱が溜りにくい地質構造をしていて、地熱貯留層ができにくい地質構造だからです。

地熱発電開発のためには、地下深部（約2000メートル）に150℃を超える高温・高圧の蒸気・熱水や地熱貯留層が形成されていなければなりません。地熱貯留層の形成には、地熱になる水が必要で、水が高温になる温度が不可欠です。

さらに、地熱が溜る密集した割れ目がなければなりません。

探査で確認した地熱貯留層に井戸（生産井）を掘削し、蒸気・熱水を取り出し、発電を行います。発電後の熱水は、井戸（還元井）によって再び地熱貯留層に戻します。

地熱発電の歴史は、イタリアのラルデレロで1904年に始まりました。出力は0・55キロワットでした。1942年には総出力12万キロワットを超えましたが、第2次世界大戦で焼失しました。イタリアは地熱先進国でした。

日本では1919年将来の石油、石炭枯渇に備え代替熱源として開発を進め1925年、大分県で1・12キロワットの規模で地熱発電開発に成功しました。

一口メモ

地熱発電は、次世代のクリーンエネルギー。地下に、無尽蔵に埋蔵されている。

38 火山による熱をどのように利用するのか

地熱は火山が生み出した熱で、これを電気エネルギーに変えて、さらに私たちは電気を光に変え、熱に変え、動力に変える、というように様々に利用し、社会生活を豊かにしてきています。

アイスランドでは豊富な地熱の活用に積極的に取組んできました。

アイスランドでは、この地熱発電とともにそれ以外に、暖房での温水活用が1930年代からはじまっています。住宅をはじめ学校や公共施設で地熱による温水暖房が導入されています。

200℃を超える高温の蒸気は、発電に使われています。80℃前後の温水は、地域暖房とか温室暖房に利用しています。このような暖房に加え、寒冷地の気候と溶岩が国中を覆う土地のため野菜の栽培地が少なく、野菜などを蒸気や温水を利用して温室栽培を行っています。

さらに魚の養殖場および除雪、プールなどに幅広く地熱が使われています。地熱利用のうち6割以上は発電以外の用途です。

そのため「地熱大国」「火山大国」と呼ばれていますが、一方で、「温泉大国」でもあります。

アイスランドの観光地首都レイキャヴィークの南西約40キロメートルに位置する「ブルーラグーン」という世界最大級の露天温泉は今や世界的観光地です。5000平方メートルという巨大な露天風呂で風呂を1周するだけでも歩いて10分かかります。隣接するスヴァルスエインギ地熱発電所が汲み上げた地下熱水の排水を再利用した施設です。ここで使用している海洋水はケイ素をはじめとするミネラルが豊富で、白濁した温泉水です。高い皮膚病治癒の効果があります。

アイスランド地熱利用

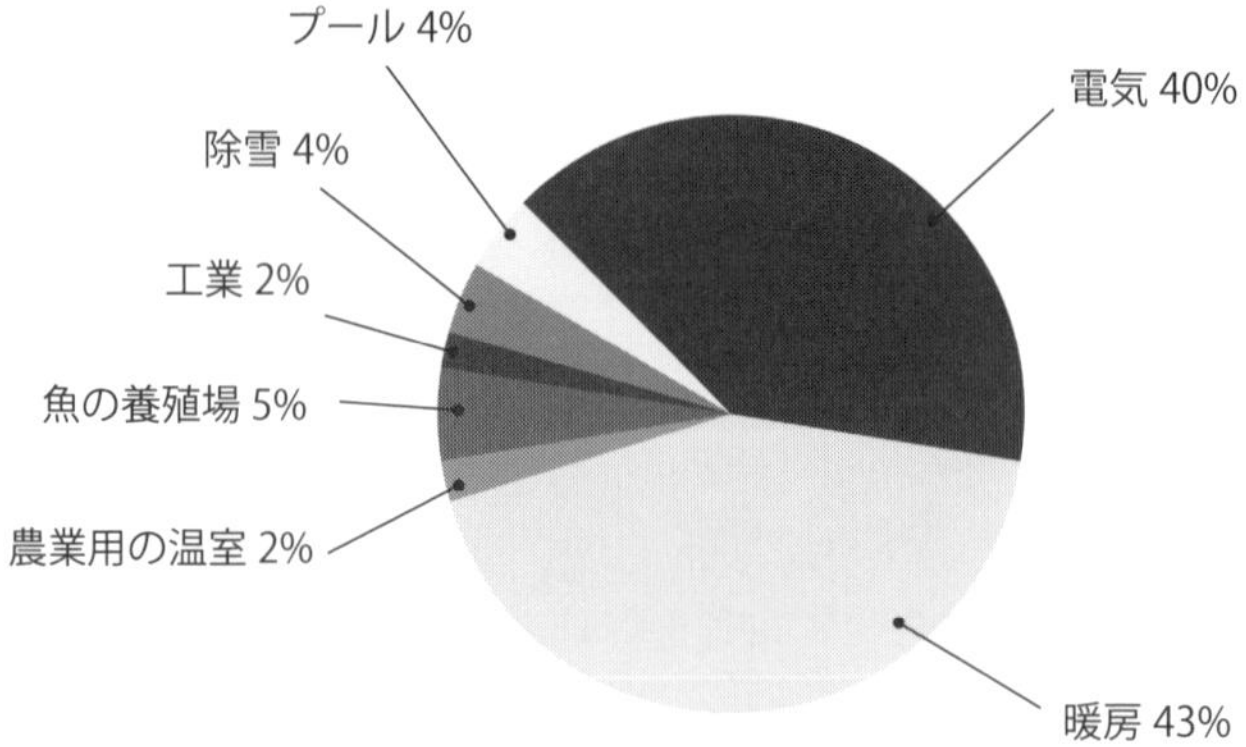

出典：アイスランドエネルギー局「Orkustofnun」エネルギー統計2013

自然湧出の温泉（アイスランド）

このような自然湧出の温泉は各地に存在

自然湧出の温泉ではなく、地熱発電所の副産物です。

温泉浴場は１９８７年から開始され、今では年間70万人が訪れる世界の観光スポットになりました。また海洋水の成分や、温泉の中で生育された藻から抽出された成分を利用して化粧品も開発され、関連ビジネスも創出されています。雄大な景色が広がり、ゆったりとした気分に浸れます。

火山のまわりには、温泉があります。日本の火山の多くも近くに温泉があります。暖房のほか野菜や園芸、バナナやコーヒーなど熱帯の植物の栽培にも利用されています（『温泉の科学』Ｐ１４７、１４８参照）。

温泉は割れ目、地層の境界、断層などいろいろな場所から湧き出してきます。温泉の泉質は様々です。火山に関係する温泉（火山性温泉）は、温度が高く、白根火山に関係する草根温泉は50℃以上です。アイスランドの温泉も火山性で50℃を超えています。

日本では火山は巨大な水がめのような働きを持っています。蓄えられた水は、山体の各地に湧水（ゆうすい）や河川をつくったり、温泉をもたらしたりします。

火山活動による自然の恵みにはさらに、豊富な地下水や畑作にとって重要な土壌となっています。南関東一帯に広がる黒ボク土も火山活動によるものです。

火山は隙間の多い溶岩のため、砂場につくった山と同じように水が浸み込みやすく、麓の溶岩の切れ目から流れ出します。山麓には数多くの湧水が分布しています。

また、火山は天然の浄水装置です。豊富で枯れることがなく温度も一定です。

島原市は「水の都」と言われ、普賢岳の麓です。湧水が豊富で「島原湧水群」です。湧水量は、１日に22万トンと豊富な湧水は、共同洗い場などで市民の生活用水として利用されています。

地表水の存在に乏しい火山地域では、火山体内部に貯留された豊富な地下水が重要な水資源として古くから活用されてきました。山頂および山腹で涵養された地下水は、火山体中を流下し、山麓で湧水となって流出します。

浅間火山でも山麓に規模の大きな湧水が数多く分布しています。

39 火山活動は資源をもたらす

火山活動の中で、岩石中に含まれている金属がマグマの動きとともに濃集していきます。濃集すれば、資源となります。といっても噴火に伴う火山活動ではなく、噴火に至るプロセスのなかで資源が形成されていきます。ほとんどの場合、マグマ中に含まれていた特定の成分が様々なプロセスを経て濃集し、鉱床となり、経済性を持てば資源となるのです。

資源はいろいろなでき方があり、マグマが関係する資源は、様々な鉱床を生み出していきます。マグマができるところは地殻とマントルの境目付近ですが、マグマは地表に向かって30〜40キロメートル浮力によって上昇していきます。

マグマは上昇しながら周囲の地殻の岩石や地層から銅、金、亜鉛など金属元素を取り込んでいき、マグマ溜りで溜っていきます。

マグマ中に含まれている成分（元素）は次第に濃集していきます。マグマ中のH_2Oは、温度・圧力が徐々に低下し、飽和していきます。するとマグマから分離し、熱水になり、S（イオウ）などの元素と化学反応により結びつき金属鉱物となりながら濃集します。熱水と分離したマグマは固結していき、花崗岩のような深成岩になります。熱水から銅や亜鉛熱水鉱床がつくられます。花崗岩のそばに金属鉱物の濃集した鉱床が形成されます。

銅の原料となる黄銅鉱や、亜鉛の原料となる閃亜鉛鉱などいろいろな有用鉱物は石英とか方解石というような不用の鉱物といっしょに産出します。不用な鉱物は生産段階で排除されます。

これは火成鉱床の一例ですが、マグマが冷え固まるときの温度や、マグマに含まれる成分などによって、

金鉱床の形成

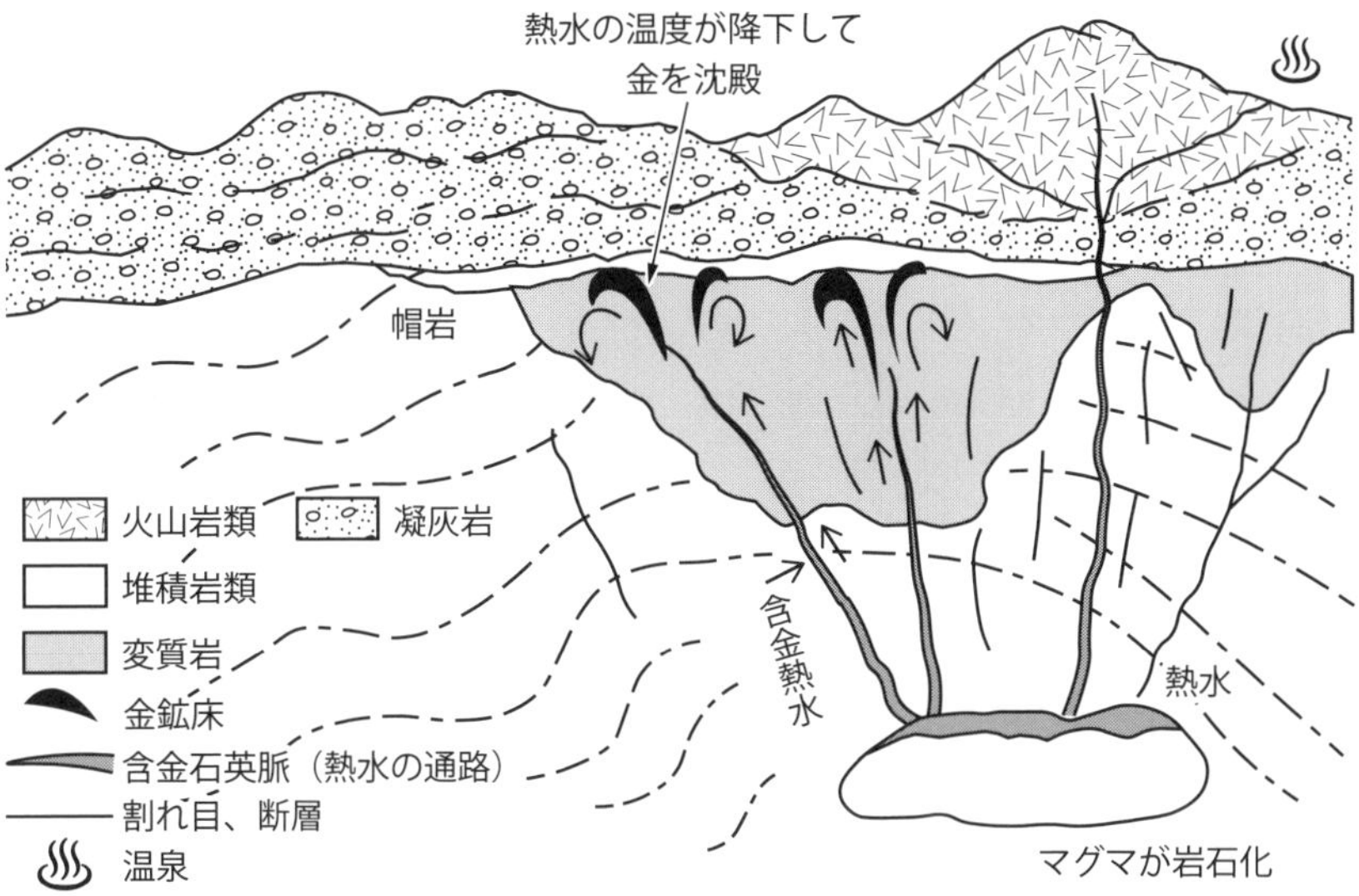

斑岩銅金鉱床の形成

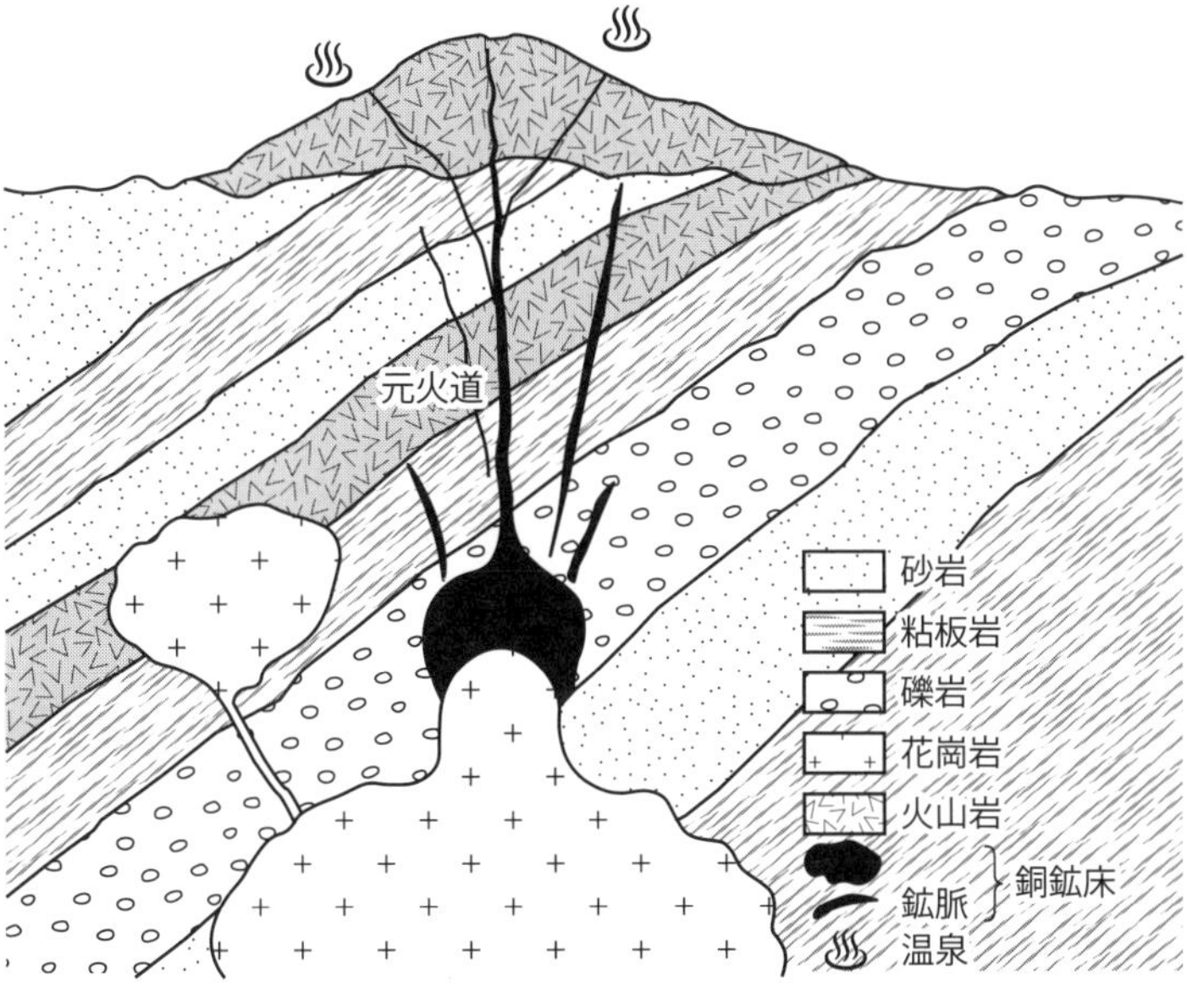

いろいろな種類の鉱物が形成され、その組み合わせで鉱床ができます。マグマの温度が下がって、分離し、マグマは固結し、残りは熱水溶液になりスズ、モリブデン、タングステン、銅などを含んだ鉱物が結晶して鉱脈をつくります。岩石中の割れ目などに入っても鉱床をつくります。

北海道知床硫黄山は活火山です。山頂部は斜里町に属していて、標高は１５６２・５メートルです。たび重なる噴火で純度の高い硫黄が噴出しました。硫黄鉱床は明治年間（１８６８－１９１２年）に溶解した硫黄が流下してオホーツク海に流れ込んで形成されました。当時、硫黄は貴重な資源で、直接採掘されました。しかし石油の脱硫装置から副産物として硫黄の大量生産が可能となり、廃山となりました。

斑岩銅鉱床と呼ばれる鉱床は、銅の大型鉱床で、銅の硫化物（黄銅鉱）が花崗岩質の岩石に散点状に鉱床をつくります。花崗岩質の岩体の頂上付近に形成されます。岩体内には黄銅鉱の鉱脈を作っています。

金鉱床と温泉には強い関係があります。微量の金を溶かしこんだマグマに関係した熱水が地層の不連続面や地下水面など、温度、圧力が急激に変化するようなところで、何万年～何十万年という長い時間をかけて金を沈殿・濃集し、金鉱床をつくります。金鉱山のあるところは温泉が多いと言われるゆえんです。金鉱床が形成された後、金を沈殿させた熱水の残りが、温泉として地表に湧出するのです。

日本で唯一の金属鉱山の鹿児島県の菱刈鉱山は、鉱石１トンあたり約30～40グラムの金を含む、世界一の高品位の金鉱山です。マグマが岩石になり液体の金を濃集した熱水が地上に噴出する前、緻密な泥質の地層が存在したため、熱水はこの地層に接触し温度が下がり金を沈殿しました。これを何千年、何万年も繰り返し、沈殿した金が鉱床になり、今資源として採掘されています。この菱刈鉱山一帯は火山地帯です。鬼界カルデラの外輪山の近くです。

国内有数の金山地帯の一つである伊豆半島の土肥などの金山も温泉地域です。菱刈鉱山では坑内に湧出する温泉をくみ上げ、周辺の温泉旅館に供給してしています。佐渡金山地域も周囲にいくつもの温泉がありま す。

マグマから温泉

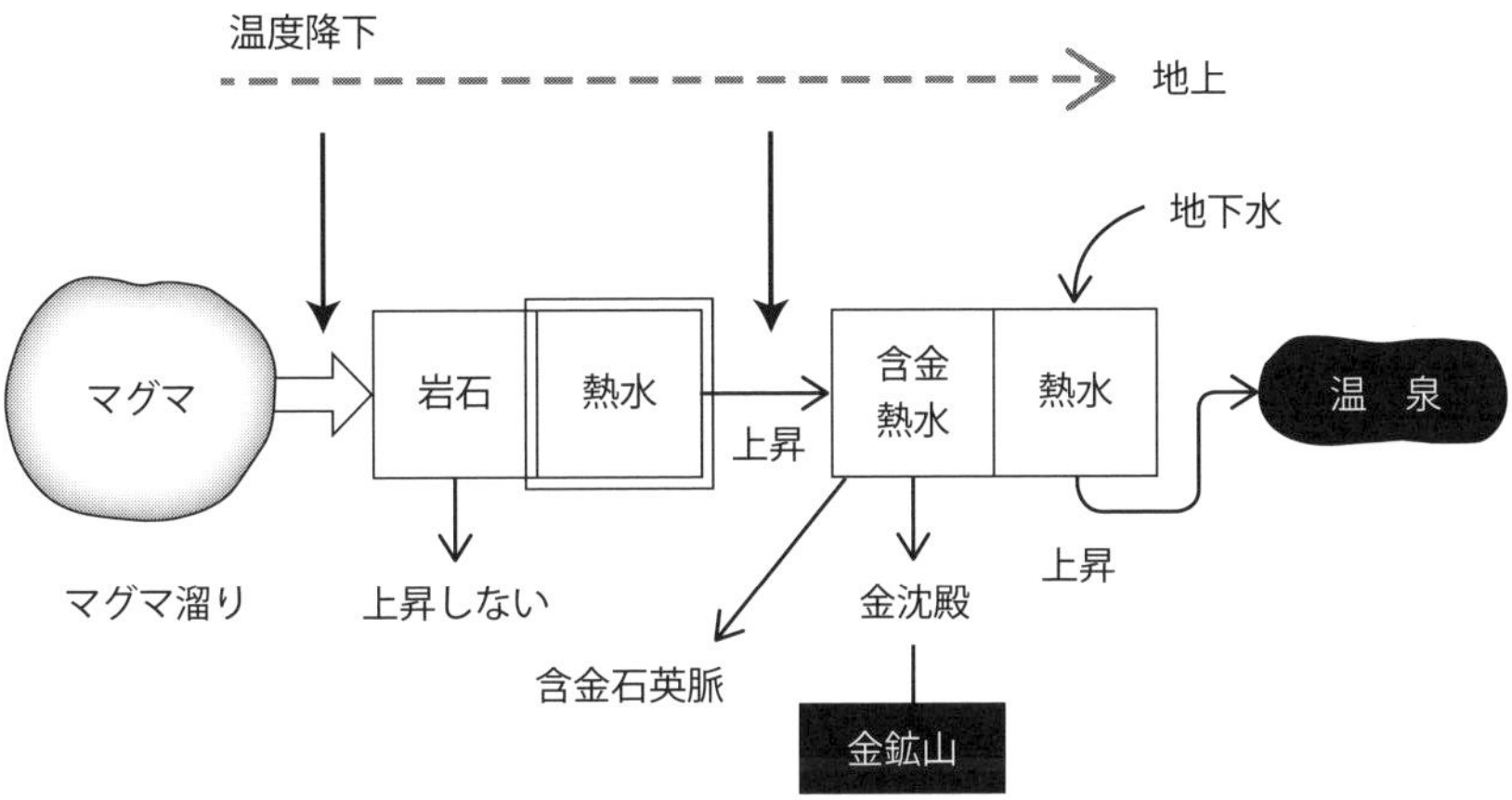

このように資源をつくるプロセスにおいて、火山をつくるプロセスが関係します。火山はマグマをつくるプロセスも含まれますので、噴火する火山活動だけでなく目に見えない地下深いところでの動きも〝地球の動き〟として火山活動を注目していく必要があります。

40 石材は火山の活動から生まれる

地球は岩石の塊です。液体のマグマも冷えれば岩石です。火山の噴火でマグマが噴出し、火口から出れば溶岩で岩石です。

火山の噴火に伴いマグマが溶岩や火山灰になっていきますが、火山噴出物はいろいろな岩石になっていきます。

このような岩石が、家や壁、道路の敷石に使われれば、石材です。石材にはいろいろな種類があります。コンクリートでさえ石灰岩でつくられますが、石材ともいえそうです。

火山活動からの石材は凝灰岩が普通です。凝灰岩は火山灰が岩石化した岩石です。「大谷石」が有名です。塀によく使われどこにでも目にすることができます。

凝灰岩は軽くてやわらかく簡単に切ることができます。比較的風化されやすく、雨で侵食がされやすく、多くの場合、塊状や切石の形で用いられます。産地によって色や岩質に特徴があり、「札幌軟石」とか「大谷石」、「十和田石」「伊豆青石」など産地名をつけた石材名で呼ばれています。

「佐久石」は長野県佐久市で産出されます。荒船山火山の噴火で形成された噴出物が高温を保ったまま火山の周囲に広がり堆積し、溶結凝灰岩の石材となります。凝灰岩の火山角礫など構成物が溶け、火山灰が堆積物自身の重量によって圧縮され溶結します。600℃以上の温度が必要です。神社仏閣、建築・城壁、歴史的構造物など幅広く使われています。

御影石は花崗岩です。建物などに多用されている石材です。花崗岩でマグマが冷えて岩石になったものです。マグマの間はどろどろに融けた状態です。岩石がマグマになり、マグマが岩石になります。岩石の種類

石材の利用

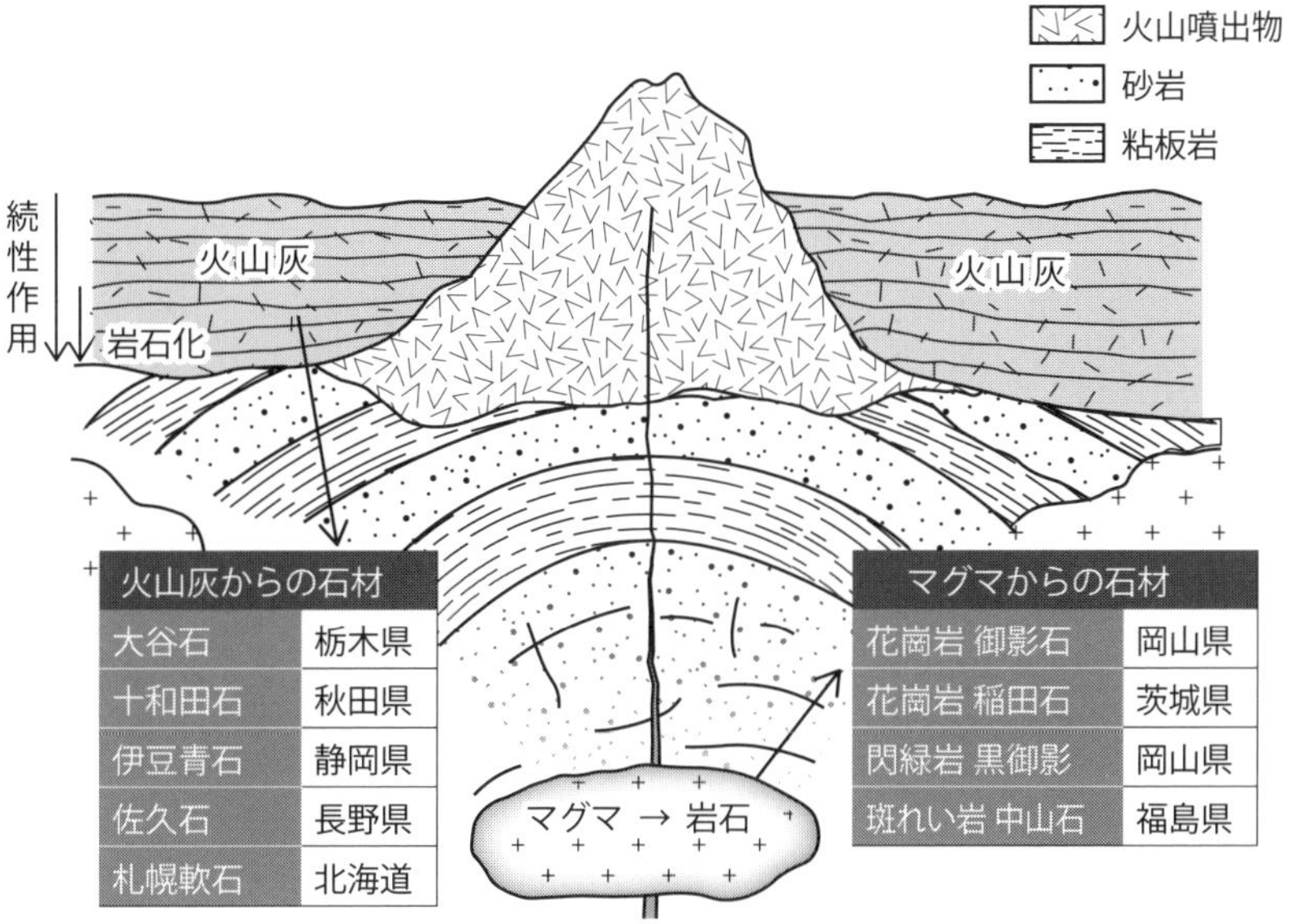

（化学組成）によってとける温度が相違します。１０００℃以下で簡単にとけてしまう岩石から、１５００℃でもとけない岩石もあります。むろん圧力によっても溶ける温度はかわります。また水分が含まれれば溶解の温度は変わります。溶岩もハワイのキラウエア火山の玄武岩質溶岩では１２００℃ほどですが、昭和新山のデイサイト質溶岩では９００℃ほどです。

なお火山灰が堆積してできる土があり、水はけが良いという特徴のため、ネギやダイコン、キャベツなど水はけが良い土地を好む農作物を作るのには絶好の土地です。群馬県の嬬恋のキャベツ、関東平野の深谷ネギ、鹿児島の桜島ダイコンなどが、火山灰の土でできる野菜です。

発生したマグマが浅部（下部地殻）に移動して、温度の上昇をもたらすことで、周囲の岩石を溶かし、新たなマグマを発生させるようなメカニズムも考えられています。

41 美しい景観を生み出す火山は、観光の目玉

火山噴火は悲惨な被害をもたらし、文明まで消し去ってしまいます。一方、火山噴火によって多様な地形が形成され、美しい景観をつくります。景観は溶岩の流れやすいか、流れにくいかという粘度でも、噴出物によっても、周辺の地形によっても変わります。火山は地形の形成に影響を与えます。

日本の美しい景観の多くは火山地域にあります。全国に28地域ある国立公園の中で18地域に火山が含まれています。

火山の周りには流れ出た溶岩によって川がせき止められできた池や湖が美しい風景をつくります。噴火でマグマが噴出すればマグマの粘性で火山地形が変わります。噴火で火山が陥没し、凹部となりカルデラ盆地になりますが、水が溜ればカルデラ湖となります。

火山がそびえる風景は美しさや雄壮さを感じます。富士山を見た瞬間、世界中の人がその美しさに感動します。まさに火山の恵みです。景観のすばらしさで観光地になります。火山活動によって造られた魅力ある風景、噴火によってできた珍しい造形や火山の熱で生まれる温泉も火山の恵みといえます。

このように火山から生まれる景観は観光地の中心となって利用されています。

日本のシンボルである富士山をはじめとして伊豆大島、阿蘇山、桜島などどこも1級の観光地になっています。過去、何度も火山噴火災害を受けながらも、火山を観光資源としてたくさんの人が訪れています。

火山の中には数分間に1回噴火するものもあれば、何万年に1回しか噴火しないものもあります。噴火の大きさも様々です。噴火したかどうか気がつかないくらい小さなものもあれば、世界中に火山灰を撒き散ら

桜島

錦江湾と噴煙が上がる桜島火山

アイスランド間欠泉ーゲイシール

熱水を上げる間欠泉。アイスランドの観光地

すほどの巨大な噴火もあります。

噴火のスタイルにも溶岩流を静かに流すものもあれば、爆発してマグマを飛び散らせるものもあります。この多様さは火山の不思議さで、魅力です。好奇心が刺激されます。

日本のシンボルである富士山は国内最高峰、3776メートルで緩やかな斜面と広大な裾野をもち美しい円錐形の成層火山です。

玄武岩質の溶岩は、粘性が低く、流れやすいため広範囲に広がり、雄大な裾野をつくります。溶岩洞穴や溶岩樹型などもつくられています。

また雲仙岳の平成新山には溶岩ドームがつくられています。マグマの粘性が高い、流紋岩質の火山です。粘性に富むため盛上がったドーム状の円頂丘をつくります。

海外においても、火山観光の島として多くの観光客を集めているイタリアのストロンボリ火山などでは、火山を観光資源としています。噴火が発生した場合には、住民の島外避難などが行われています。桜島などでも避難所があります。火山が観光地になれば、噴火への避難所が不可欠です。ハワイ島のキラウエア火山は、世界有数の火山観光スポットです。1916年ハワイ火山国立公園になりました。

キラウエア火山は、20世紀中においては45回噴火し、現在も活動しています。立ち上る煙、吹き出す溶岩の様子は壮大です。海まで続く溶岩台地、赤く燃えるマグマ、赤い噴煙、流れる溶岩など絶景だらけの火山です。溶岩の上を歩くこともできます。活発かつ安全な火山といわれ、車でも気軽に観光ができます。安全対策に配慮しながらも積極的に地球の営みを見せています。

火山が地形の形成に影響を与え美しい自然の景観を作ることはよくあること。日本の美しい景観の多くが火山地域にあるのも納得！

Column

日本のポンペイ

イタリアのベスビオ火山の噴火によって発生した大火砕流によって一夜にして埋まり消えてしまった古代都市ポンペイ、日本にもポンペイのような村があります。

2012年11月、道路の建設工事に伴う調査で古墳時代後期（6世紀初め）の火山灰の地層から、鉄製の鎧を着けた成人男性の人骨1体が見つかりました。日本で初めて見つかった「鎧を着た古墳人」です。群馬県渋川市の金井東裏遺跡です。鎧は青色の短冊状の鉄板を多数つづり合わせた頑丈なつくりです。さらに群青銅製の鏡や赤玉も埋まっていました。地表下約3メートルで、6世紀頃の歴史世界がまったくそのままの状態で発見されました。

榛名山は約50万年前頃から活動しています。カルデラは湖になっており5個の安山岩溶岩ドームが形成されています。大規模マグマ噴火、マグマ水蒸気噴火、マグマ噴火泥流を起こしました。古墳時代後期の5世紀末～6世紀初めには榛名山が大噴火し、火砕流がふもとの集落を襲いました。

約1キロ離れた群馬県渋川市中郷にある古墳時代後期の黒井峯遺跡と、約4キロ離れた中筋遺跡も、同時期に榛名山の噴火で埋没しました。黒井峯遺跡は吾妻川北岸の河岸段丘上に存在する東西約700メートル・南北400メートルの広さで、1.5から2.5メートルの厚さの軽石層に覆われた集落遺跡です。今から約1400年前の古墳時代に榛名山二ツ岳の爆発により噴火し軽石で埋没した災害遺跡です。竪穴式住居・平地式建物・家畜小屋・高床式建物・畑・水田・垣、柵・水場・土盛りの地境・道・樹木・大型祭祀などが軽石で埋没していました。中筋遺跡は1982年に軽石を採石中に竪穴式住居跡や古墳の跡が発見されました。噴火の瞬時に埋没したようです。

42 これからの火山はどのように利用されるのか

膨大な熱エネルギーが火山から放出されています。最大の利用は地熱発電ですが、まだまだこのエネルギーさえほとんど使われていない、といっても過言ではありません。火山からのエネルギーを少しでも有効に活用していくには、マグマから直接エネルギーを得ていくことですが、遠い将来の課題です。

米国のイエローストーンの超巨大マグマだ溜りの超巨大破局噴火を回避するため、10キロメートル地下に向けてボーリングの計画が検討されていますが、このようなマグマ溜りへの掘削は破滅への回避に留まらず、火山のコントロールに結びつきます。マグマ溜りへの掘削技術自体、火山からのエネルギーの抽出となります。

エネルギーを取り出せれば、発電も暖房も利用が拡大します。日本でも大分県久住町（現・竹田市久住町）の西部にある九重火山で溶融マグマから直接熱エネルギーを取り出していくための研究が行われています。深度5キロメートル以深の熱抽出には従来型の地熱資源のようにこの部分にボーリング掘削を行い流体の採取を行えば、多量の腐食性成分を含むため、直接タービンに導くことに困難となります。そのため技術開発が必要になります。

廃棄物の処理を、溶岩湖のように煮えたぎったマグマ＝溶岩で行えるかどうか、将来の技術開発のテーマになりそうですが、例えば放射能廃棄物をマグマで処分できるのかどうか、実験室レベルでまず試みる必要があるでしょう。このような実験は地下４０００メートルで空間をつくり、ロボットないし遠隔操作で行わなければなりません。マグマは7輪など簡単な道具でも作れますが、溶融状態の維持は簡単ではありません。温度が下がればすぐ岩石になってしまいます。
多くの放射性物質は金属の状態で存在しています。溶岩は酸化物なので金属より融点が高くマグマに入れば放射性物質は溶解し、溶融状態を維持する溶岩湖であれば処分できるでしょう。しかしそのような溶岩湖は稀ですから現実的ではありません。

また、まだ溶けている溶岩であれば、溶岩に投下、固まれば放射能は漏れにくくなるでしょう。火口付近でもいったん流れ出た溶岩の部分に落とすという事なら表面はすぐ固まり基本的に固まってしまってゆっくりとしか漏れてきません、火口直上の場所であれば撒きちらされるでしょう。

マグマの利用はほとんどなされていません。火山を利用していくにはマグマの研究技術開発が必要になります。宇宙線（ミューオン）を利用した火口直下の浅部構造の把握が重要であり、とくにマグマの形がどこにあるのか、を把握することです。さらに地熱の状態把握です。および火山ガスや火山灰等の分析などの地球化学や地質学的な調査・観測が不可欠です。

日本は火山王国です。しかし地熱発電の熱を電気に変える地熱発電と熱を暖房にするような利用に留まっています。さらに火山を利用できるように研究開発を展開していかなければならないでしょう。

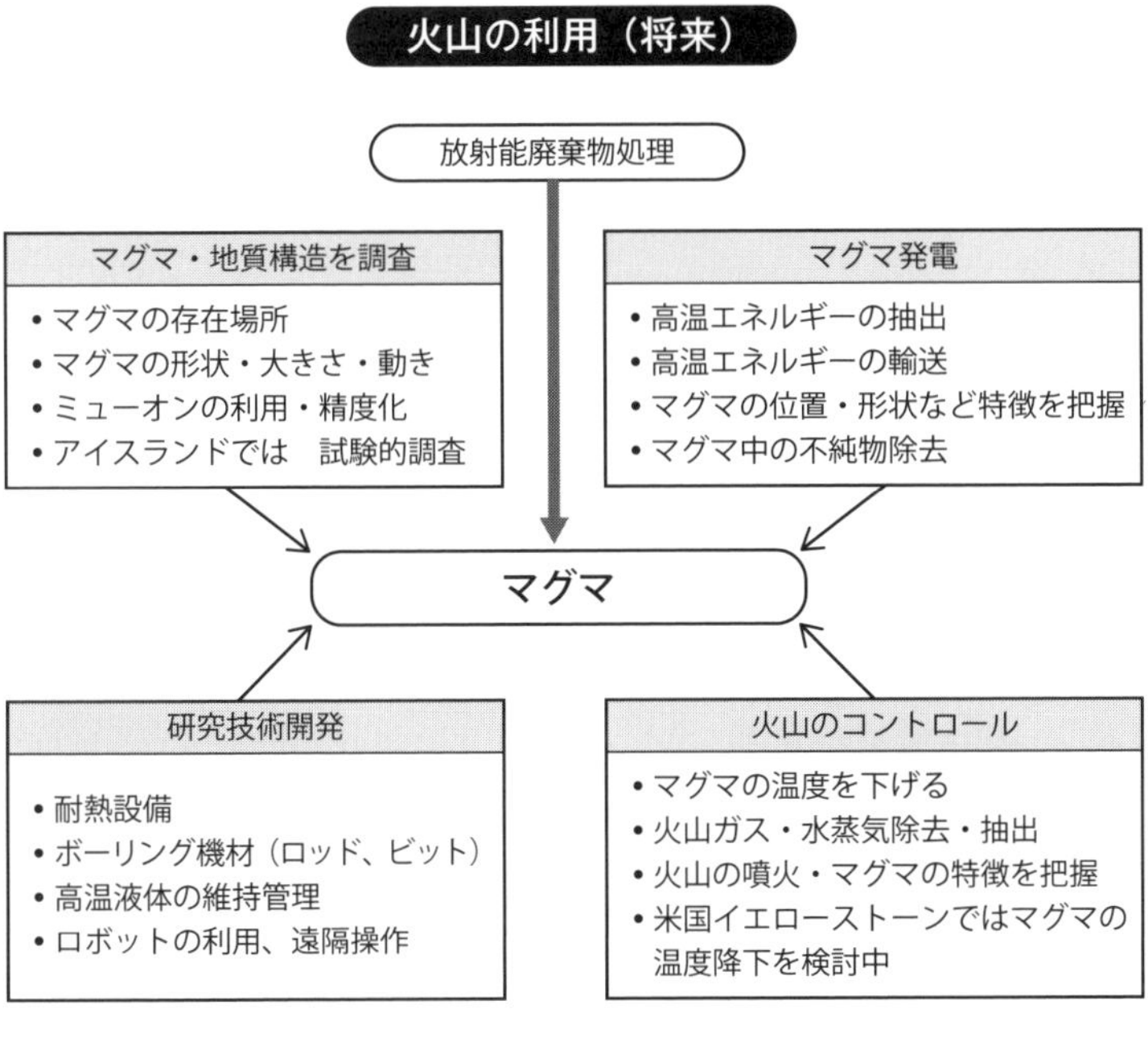
火山の利用（将来）
放射能廃棄物処理
マグマ・地質構造を調査
• マグマの存在場所
• マグマの形状・大きさ・動き
• ミューオンの利用・精度化
• アイスランドでは　試験的調査
マグマ発電
• 高温エネルギーの抽出
• 高温エネルギーの輸送
• マグマの位置・形状など特徴を把握
• マグマ中の不純物除去
マグマ
研究技術開発
• 耐熱設備
• ボーリング機材（ロッド、ビット）
• 高温液体の維持管理
• ロボットの利用、遠隔操作
火山のコントロール
• マグマの温度を下げる
• 火山ガス・水蒸気除去・抽出
• 火山の噴火・マグマの特徴を把握
• 米国イエローストーンではマグマの温度降下を検討中

Column

庭石の三波石は海底火山の石
―海底火山の噴火の様子を知る

三波石は、青緑色で白い縞模様があり、よく庭石などに利用されています。この石は、火山砕屑岩、火山岩で、古生代、中生代にできた古い石で様々な岩相をもっており、緑色岩類ともいいます。また輝緑凝灰岩とかシャールスタインと呼んでいます。

輝緑凝灰岩といっても凝灰岩ばかりではありません。凝灰角礫岩・集塊岩・溶岩なども含んでおり、枕状溶岩や水冷自破砕溶岩などの溶岩の構造をもつ場合も多く、緑色・赤紫色で変質し、また高圧低温（200-300度、600-700気圧）で片理が発達し、変成した結晶片岩となっています。海底火山が噴火し、放出された玄武岩質の火山灰や溶岩が中央海嶺付近で海洋底や火山島に堆積し、その熱と海水との作用によって緑色となった岩石で、プレートによって運ばれ、日本海溝に潜りこみ、一部は付加体となって日本列島を構成しました。この緑色岩は日本の各所に分布しており、「秩父帯」という地質区分にチャートや石灰岩や砂岩・粘板岩とともにその構成員をなしています。

「三波石」の由来は神流川上流に位置する三波石峡といわれています。神流川上流に位置し、群馬県と埼玉県の境界に模式的に産出します。三波石峡は、国の名勝・天然記念物にも指定されている美しい渓谷です。三波石の巨岩や奇岩が景観をつくっています。

遥か太平洋の海底で生まれた火山からつくられた「三波石」は海底を運ばれ日本列島の土台となりましたが、その火山活動の様子は「三波石」に残されています。

第7章

火山と災害、予知、防災

43 噴火による様々な災害
——噴石、火砕流、火山灰、溶岩流

火山噴火により様々な災害が起きます。噴火は火山作用（火山活動）ですが、直接的災害だけではなく、間接的にも引き起こします。

噴火に伴い氷河が溶ければ融雪型の火山泥流や山体崩壊が起きます。また海の中での噴火によってあるいは火山に誘発された地震によって津波が発生し、災害の原因となります。

火砕流、火山ガスが多い火砕サージ、融雪型火山泥流、溶岩流、噴石・火山灰・火山弾など降下火砕物、火山ガス、マグマ水蒸気爆発、火山体崩壊・岩屑なだれ、地震による崖崩れ・落石などもあります。

大規模な火砕流、火山泥流は移動速度が速く影響が広範囲におよびます。数百℃と非常に高温ですから大変危険です。建物も破壊され、燃え上がり、火砕流が発生してから避難しても間に合いません。津波も同様です。いずれも数万人規模の犠牲者を出すこともあります。溶岩流は速度が遅いため、家屋や田畑を焼き道路などを破壊します。しかし人命が失われることは比較的少ないといえます。

災害も様々です。マグマの性質、爆発の仕方・大きさで災害もちがいます。噴火が爆発的な場合には災害も多様になります。

規模の大きな噴火では火山灰は広範囲に降下し、農作物に被害を与えたり、火山灰の堆積は、建物や農作物などに被害を与えます。火山灰が成層圏まで上昇すれば空中に滞留し、異常気象を引き起こしたりします。浮遊する火山灰は航空機の飛行の障害となり、航空機のエンジンに火山灰が入れば、エンジンも止まり、危険な状態になります。

噴火の勢いが激しかった富士山の宝永噴火では、

火山泥流と火砕流

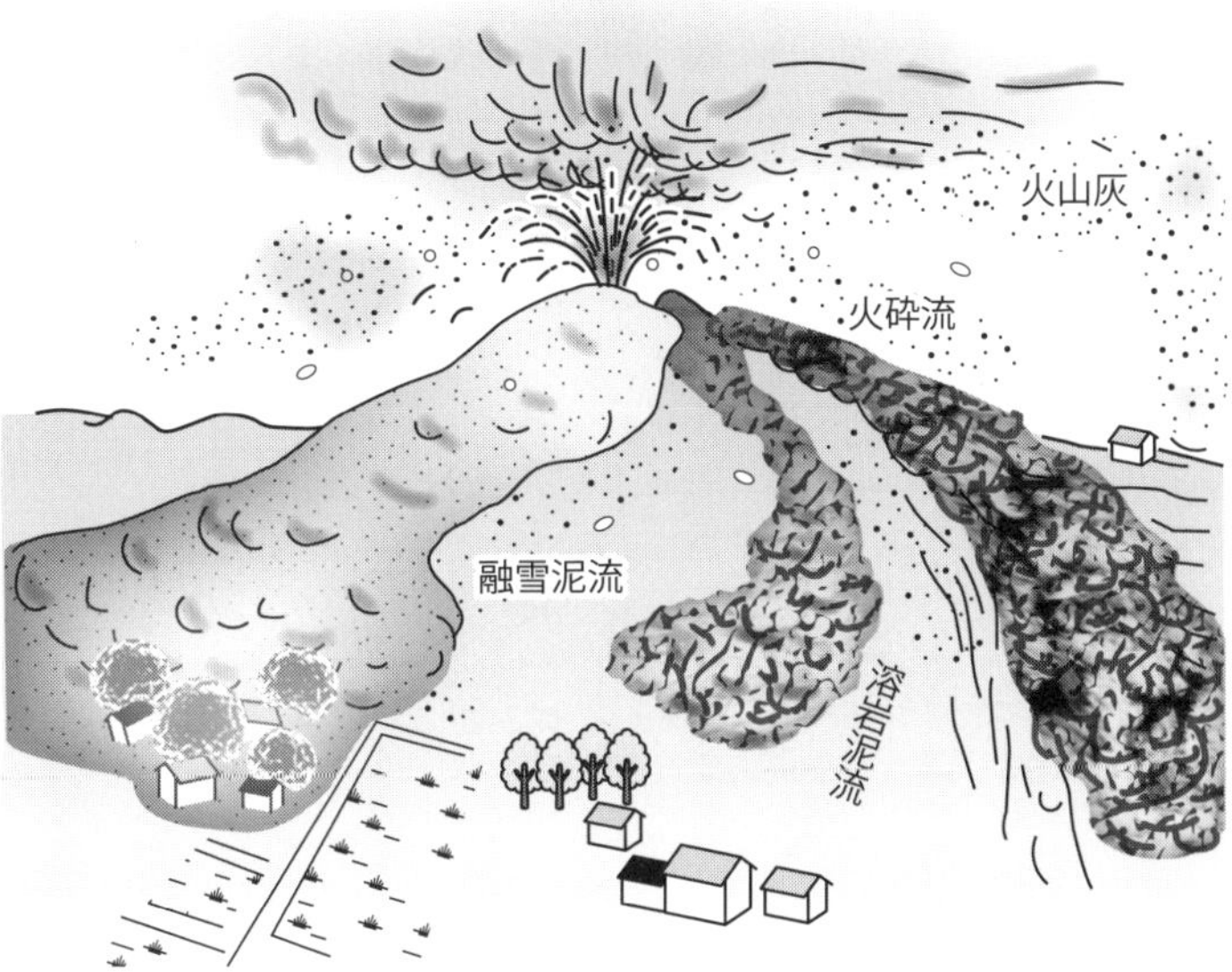

災害を引き起こす火山活動

- 噴火現象
  - 溶岩の噴出
  - 火山砕屑物の噴出（火砕流、火山灰、火山礫、火山岩塊などの噴出）
  - 火山ガスの噴出
- 噴火に伴う現象
  - 火山泥流
  - 山体崩壊
  - 津波
  - 火山性地震
  - 爆風・火山雷
- その他の火山現象
  - 火山性地震
  - 火山性地殻変動
  - 地熱活動の変化

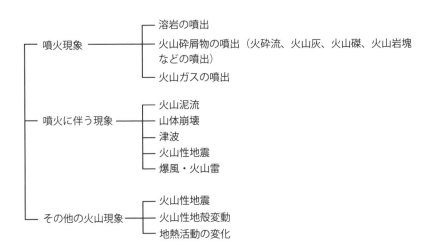

１００キロメートルも離れた江戸でも火山灰が数センチメートルに達しました。このような噴火が起これば鉄道、航空などのあらゆる交通網・都市機能が麻痺し、流通経済が完全にストップします。噴石のこぶし大の火山礫も噴煙とともに上空まで運ばれ、風に流された後に10キロメートル以上離れた地点に落下することもあります。

激しい噴火で噴煙が上空まで上がると、周囲の大気と密度が釣り合って噴煙は傘のように広がります。しかし、噴煙を作る火山灰は、マグマのかけらが冷えた岩石の細かい粒になったもので、空気より重く、次々と上空の噴煙から降ってくることになります。

山体崩壊によって生じる岩屑（がんせつ）なだれが発生すれば、噴出物は降雨によって流下し、土石流や泥流も極めて危険な流れとなります。泥流は、高温の噴出物によって氷雪が融かされた場合にも発生（融雪泥流）します。

マグマの粘性が低い玄武岩マグマの場合でも、通常は人の歩く速さよりもゆっくりと流れるため、大抵の溶岩流は、１０００℃以上の高温で密度も大きく、森林地帯を流れると森林を焼き尽くし、住宅地に達すれば鉄筋の建物も破壊し火災を起こします。冬、雪が積もった火山で噴火が始まると、噴出物の熱で雪が急速に溶け出して、火山噴出物や川の石などを巻き込んだ破壊力の大きな流れになります。

マグマ水蒸気爆発は浅い水底や湖岸・海岸近くに地底からマグマが上昇してくると、マグマが直接水に接触してはげしい爆発をおこします。その結果高速の砂嵐が周囲に吹き付けて樹木や建造物を破壊します。このように火山噴火は様々な災害をもたらします。

火山の噴火がもたらす災害は大きなものになると広範囲を燃やしつくしてしまうものもあるんだね。普だんからの注意が必要だね

44 有史以来火山災害は多発している
―気象変化や飢饉をもたらす

有史以来火山災害は起こっています。都市を埋没させ、村落が消え、家が焼かれ、埋まり、生活が奪われたくさんの人々が犠牲になっています。火山爆発を恐れ、逃げまどい、火山爆発を避けようと生活の場を変えても、火山は世界中に存在し、爆発の予知はできません。気象変化をもたらし、食糧生産の場も壊され、飢饉で食糧難となり、何度も人類は存続の危機に面してきました。

火山の中でも海溝型の火山が多くの破局噴火をもたらします。イエローストーンのようなホット・スポット型の破局的な火山爆発はまだ人類は経験していません。カルデラ噴火も体験していません。

世界には、約1500の潜在的活火山が存在しているといわれています。さらにこれらの火山から半径100キロメートル以内に約8億人が生活しているといわれています。

日本では九州南部のカルデラ噴火がいずれも破局噴火でした。一番最近のカルデラ噴火は、7300年前です。鹿児島県の鬼界カルデラができた時の噴火といわれています。鬼界カルデラの噴火は、縄文時代の九州を、壊滅状態にしました。1万年に1回の噴火です。

減圧発泡というのは、火山の噴火ではとても大事な一つのプロセスです。マグマにはたくさんガスが溶け込んでいます。地表近くまで上がるとマグマが冷え、圧力も下がってきます。そして一気にガスを放出し、大爆発が起こります。こうして鬼界カルデラのようなカルデラ噴火が起こります

阿蘇山は30万年前から9万年前に発生し、4回の巨大カルデラ噴火をおこしました。9万年前の巨大カル

火山灰による気象変動

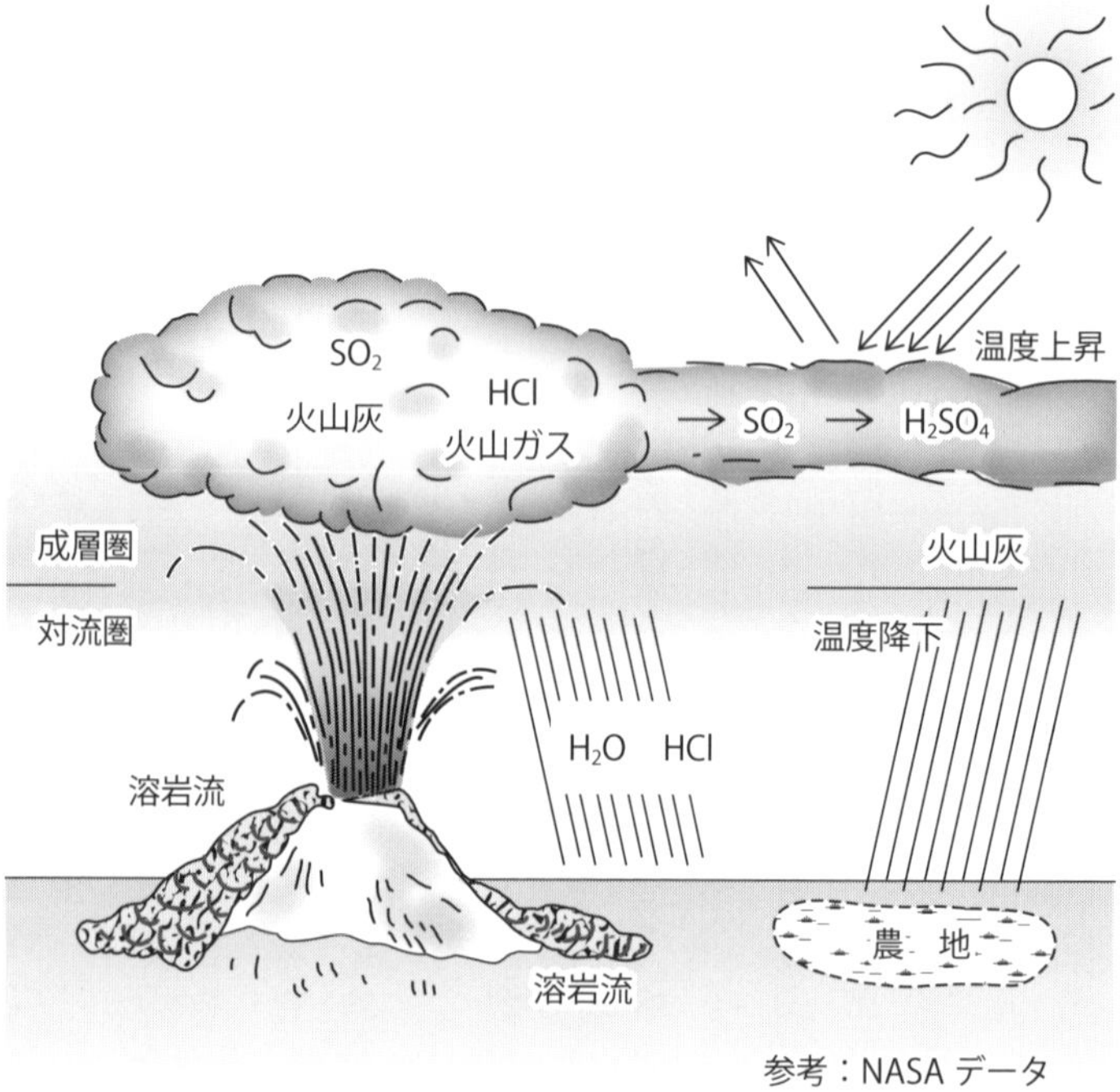

参考：NASA データ

- 気候変動
- 火山灰降り注ぐ
- 気温の低下
- 大気に硫黄・灰が舞い上がり地上へ
- 太陽光を遮断
- 農作物の被害拡大
  （灰で被覆、日照不足、土地酸性化）

食量不足

デラ噴火による噴出物の体積は600立方キロメートルと驚くほど膨大です。火砕流は九州の半分を覆ったと推定されています。

火砕流台地は九州中央部に広く分布しました。大量の軽石年前には姶良カルデラ噴火がありました。3万が降下し、垂水火砕流、妻屋火砕流、入戸火砕流が流れました。

3・9万年前および11・5~12万年前には屈斜路が噴火し、カルデラをつくりました。

日本では多くの破局噴火に見舞われました。いずれも噴火による火山灰により気候変動が起こりました。どれほどの人口がいたのか不明ですが、生き残るのも難しい状況で食糧は当然不足したと考えられます。

タンボラ山はインドネシア中南部、スンバワ島にある標高2851メートルの成層火山です。噴出物の総量は150立方キロメートルと莫大でした。1812年に噴火が起こり、1815年に破局噴火がおこりました。過去2世紀に世界で記録されたもののうち最大規模でVEI(火山爆発指数)は7です。半径約1000キロメートルの範囲に火山灰が降り注ぎました。地球規模の気象にも影響を与えました。

山頂には直径約6キロメートル、深さ約600メートルのカルデラが形成されています。1816年に欧州、米国北東部およびカナダ東部は夏のない異常気象となりました。1816年の気候異常は前年のタンボラ山の噴火により引き起こされました。過去1600年間で最大規模の噴火です。成層圏には硫酸エアロゾルが注入され浮遊し、異常低温による不作や食糧不足となり、社会不安を引き起こし、死者は1万人にのぼり、飢饉、疫病などで12万人が亡くなり欧州は食料難となり噴火の影響は世界規模に広がってきました。

1991年フィリッピンのピナツボ火山は20世紀最大の噴火です。同様に異常気象となりました。

タンボラ山の噴火によって、地球の大気に灰や硫黄が舞い上がり、太陽の光を遮って、世界的な気温は1・7℃も低下しました。1991年にフィリピンのピナツボ山の噴火では地球の気温が0・5℃低下しました。それほどの規模の気候変動が起これば、農作物への被害も大きくなります。

45 世界・日本の火山災害

日本をはじめ世界中で火山災害が発生しています。火山噴火は、火山ごとにさまざまです。同じ山でも毎回同じ噴火をするわけではありません。噴火の種類もそれによって引き起こされる災害もさまざまです。富士山は300年の沈黙を守っていますが、いつ噴火が起こるかわかりません。

災害の要因となる原因は、大きな噴石、火砕流、融雪型火山泥流、溶岩流、小さな噴石・火山灰、火山ガスなどです。これらは噴火に伴って発生するため避難までの時間的猶予がほとんどなく、生命に対する危険性が高くなります。2014年の御嶽山の噴火では、水蒸気爆発が突如発生し、火口周辺にいた登山者がたくさん被災しました。

火山は多様な景観を生み出し、多くは観光地にもなっています。日本では気象庁が常時監視する47火山のうち22火山が人気の日本百名山になっています。車やロープウェーで火口近くまで行ける火山もあります。

富士山も1707年の宝永噴火クラスの噴火であれば、火砕流や泥流が発生し、火山灰は東京も2センチメートル以上と想定されています。火山灰が数センチメートル積もると車は動かせません。屋根に数十センチメートル積れば木造家屋が倒壊するかもしれません。噴火の様相は多様です。

海外でも噴火の姿は同じで、噴火災害も同じように起きます。ほとんどが「海溝型」の火山です。いつも世界のどこかで火山が噴火していますが、人が住んでいないところでは火山災害は起こりません。しかし、気象に影響がある火山噴火では、降灰や日射で世界中に影響を与えます。

日本の主な火山災害

火山名	年	犠牲者数	災害原因など
御嶽山	2014	58	水蒸気爆発、落石
雲仙	1991	43	噴火、火砕流、土砂流
三宅島	1983	家屋、耕地	溶岩流、降灰、家屋・耕地
阿蘇山	1979	3	噴火、低温火砕流、大量降灰
十勝岳	1926	146	泥流
渡島大島	1741	1467	マグマ噴火、山体崩壊、家屋
雲仙	1792	15000	マグマ噴火、火砕流、土石流
有珠山	1872	50	火砕流
浅間山	1783	1151	火砕流、泥水、家屋全壊
桜島	58	1914	溶岩流、降灰、土砂流
磐梯山	1888	478	山体崩壊

世界の主な火山災害

国名	火山名	年	犠牲者数	災害要因など
インドネシア	ムラピ山	2010	350	
フィリピン	ピナツボ	1991	800以上	破局的噴火
フィリピン	パーカー	1995	100	噴火崩壊
英領モントセラト	モントセラト	1997	20	火砕流、首都プリマス壊滅
コンゴ民主共和国	ニーラゴンゴ	2002	70以上	溶岩流
インドネシア	シナブン	2014	16	噴火
コロンビア	ネバド・デル・ルイス	1985	2400	マグマ噴火、火砕流、泥流
米国	セントセレンズ	1980	37	山体崩壊、火砕流
メキシコ	エルチチョン	1982	2000以上	火砕流、異常低温気象
カメルーン	ニオス	1986	1700以上	火口湖からの二酸化炭素ガス
インドネシア	クラカトア	1883	36000	噴火、津波

46 農業にダメージを与える火山噴火

火山噴火は農業に多大な被害をもたらします。狭い国土でありながら、火山大国である日本は農業人口の減少や高齢化で問題を抱えていますが、火山噴火でもダメージを受けます。

火山噴火によって被害が広範囲になるのは降灰です。降灰による被害には作物の生育不良、品質低下や農作物被害、耕土の酸性化、農業機具の故障などです。農作物はもとより、家畜、農業施設、農地自体にも大きな被害を被ります。

降灰が激化し、さらに火山ガスによって収穫が激減し、開花期や果実肥大期における被害の程度が生産に大きく影響します。火山灰が野菜の葉の間などにたまってしまうと出荷することはできません。

溶岩が流れてきたり、火砕流、サージが押し寄せ農地を覆えば、農作物や果樹は根こそぎ燃えてなくなってしまいます。

1914年の大正大噴火では、桜島において流出した溶岩の体積は約1・5立方キロメートル、溶岩に覆われた面積は約9・2平方キロメートルです。溶岩流は桜島の西側および南東側の海上に伸び、山裾が狭く平地はほとんどありません。北西部と南西部の海岸沿いのなだらかな斜面が農地として利用されています。大正の噴火では桜島島内の多くの農地が被害を受け、ミカン、ビワ、モモ、麦、大根などの農作物は、ほぼ全滅しました。耕作が困難となった農地も多く、噴火以前は2万人以上の人口でしたが、島民の約3分の2が島外へ移住しました。

降灰や火山ガスで甚大な農作物被害を受けながらも、ビニールハウスなど防災施設の整備や、降灰に強い作目の導入などによって「災害に強い農業」が展開され

火山噴火による農業への影響

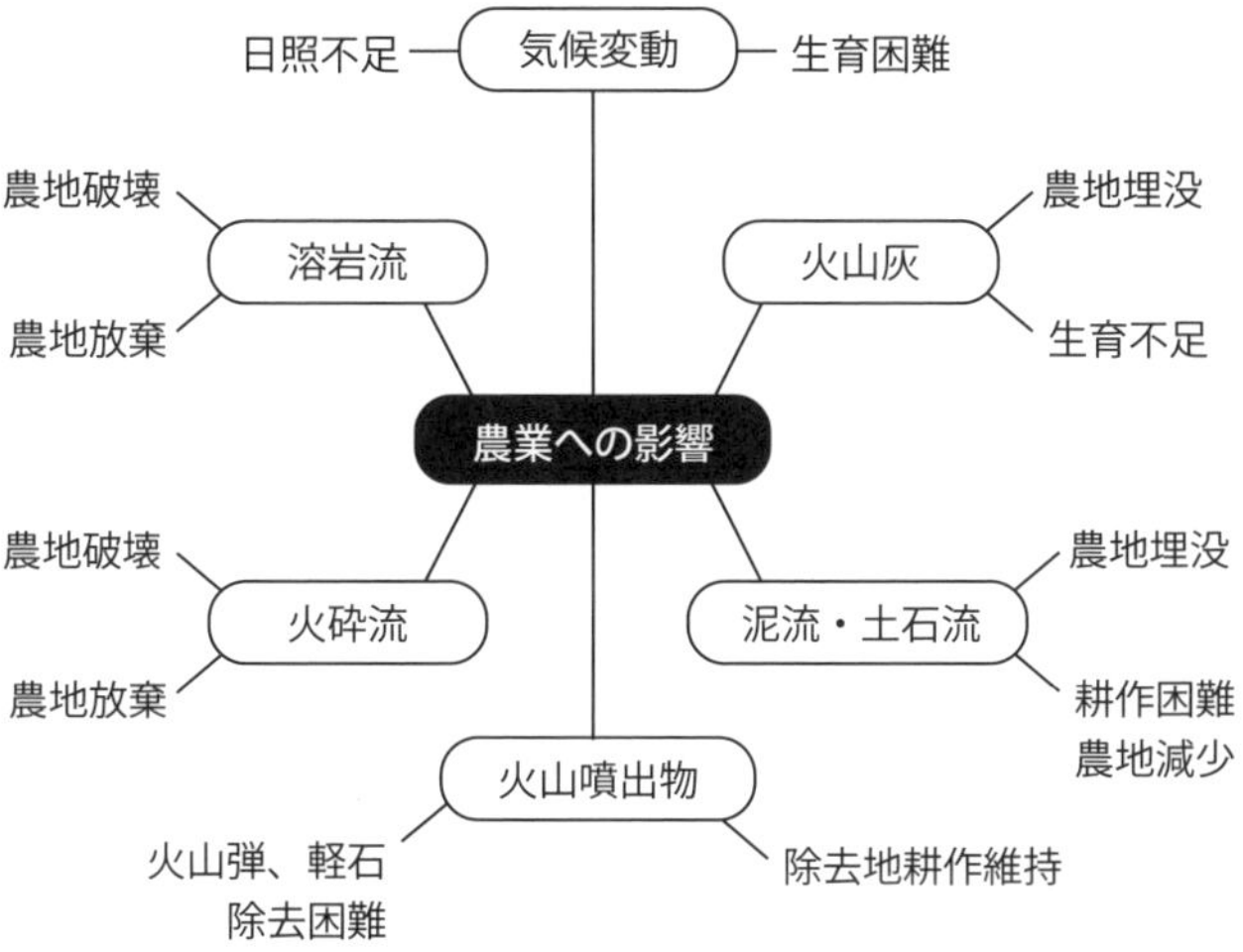

降灰の影響

10センチ

- 5センチ • エビなどの3割が死に、味や栄養も劣る
- 3センチ • 灰がくっつきホウレンソウが収穫できず
- • 雨が降るとぬかるみ、車のハンドルをとられて事故
- 1.8〜2センチ • 電柱の絶縁器具にくっつき、停電
- 9ミリ • 簡易水道が濁って断水
- 7〜8ミリ • 灰の除去のため高速道路が通行止め
- 5〜10ミリ • 鉄道の信号誤作動のおそれ

1ミリ

- 1ミリ • 湿った灰が機器につき、ショートして停電
- 0.5ミリ • イネが1年間収穫できない
- 0.3ミリ • 空港の滑走路や誘導路のマーキングが見えなくなる
- 0.2〜0.7ミリ • レールに灰が積もり、踏切などの操作不安定

0.1ミリ

てきました。果樹では、みかん、ビワ、多様なかんきつ類が生産されています。野菜では、施設栽培により葉ネギやサントウサイなどの軟弱野菜を栽培しています。

溶岩で覆われると農地への復旧が困難です。1783年浅間山の噴火で流れ出た溶岩の「鬼押し出し」溶岩原の分布面積は6・8平方キロメートルです。末端部では50メートル以上の厚さの安山岩の塊状溶岩が地面を覆っています。噴火後20年になりますが、植生も乏しく溶岩がゴロゴロしておりとても農地になりません。

土石流も農地を壊し、覆います。度重なる土石流の被害を受ければ、耕作放棄が進み、作付面積が縮少されます。

農作物も農機具も、灰が付着すれば送風や高圧散水で落とします。さらに噴火の影響で農業用水が使えなくなってしまった地域では、水田で水稲の作付けも中止しなければなりません。

島原市は長崎県下でも有数の農業地帯でしたが、1991年雲仙普賢岳噴火の火砕流にともなう高温・高速の火砕流、サージによって多くの犠牲者が出、壊滅的な被害を受けました。堆積した火山灰や豪雨により流出する土石流により、多くの家屋や田畑が、埋没してしまいました。斜面地域では現在も大雨が降ると土石流が起きています。農業被害は、農地を失い、放牧地においては採草不能、果樹および露地栽培では火山灰の葉面付着による生育不良となり品質が低下しました。

火山噴火による農業への被害は甚大です。農地だけでなく農業用水にもおよび、農業機械にもおよびます。

47 火山噴火の交通などインフラへの影響

火山が身近だといえ、多くの人が住む東京などの都会では、火山噴火が近くでなければ、関心をもたないでしょう。しかし、火山噴火は他人ごとではありません。ある日突然起こります。富士山も箱根山もいつ噴火が起こるかわかりません。

噴火すれば火山灰が降ります。農作物、交通機関（特に航空機）、建造物などに影響を与えます。

自動車は身近な交通手段です。多くの人が自動車を運転します。しかし火山灰が0・5ミリメートル降り積もっただけで、横断歩道やセンターラインなどの白線が見えにくくなり、路面が滑りやすくなります。降灰は道路の視界を悪化させ、交通事故につながります。停電によって信号機や踏切が作動しなくなる可能性もあります。

気象庁は火山灰が降る地域や量などの情報を伝える「降灰予報」を運用しています。火山灰の「降灰情報」に注意しておかなければならないでしょう。

噴石や火砕流に遭う確率はかなり低いですが、火山のある観光地に行けば、火山のない都会に比べれば、高くなります。

降灰により車のエンジンルームに火山灰が入り込みます。エアフィルターが汚れ、エンジンオイルやオイルフィルターの目詰まりを起こし、出力低下などの影響を受けます。

噴火はクルマの運転に大きな影響をおよぼします。広範囲に降る火山灰からの車での避難は危険であり、結局降灰を避けることはできません。

電車も火山噴火の影響を受けやすい乗り物です。

火山噴火により電気施設、車両、土木施設、運輸などを構成する鉄道システムに大きな影響を与えます。

噴火による鉄道災害

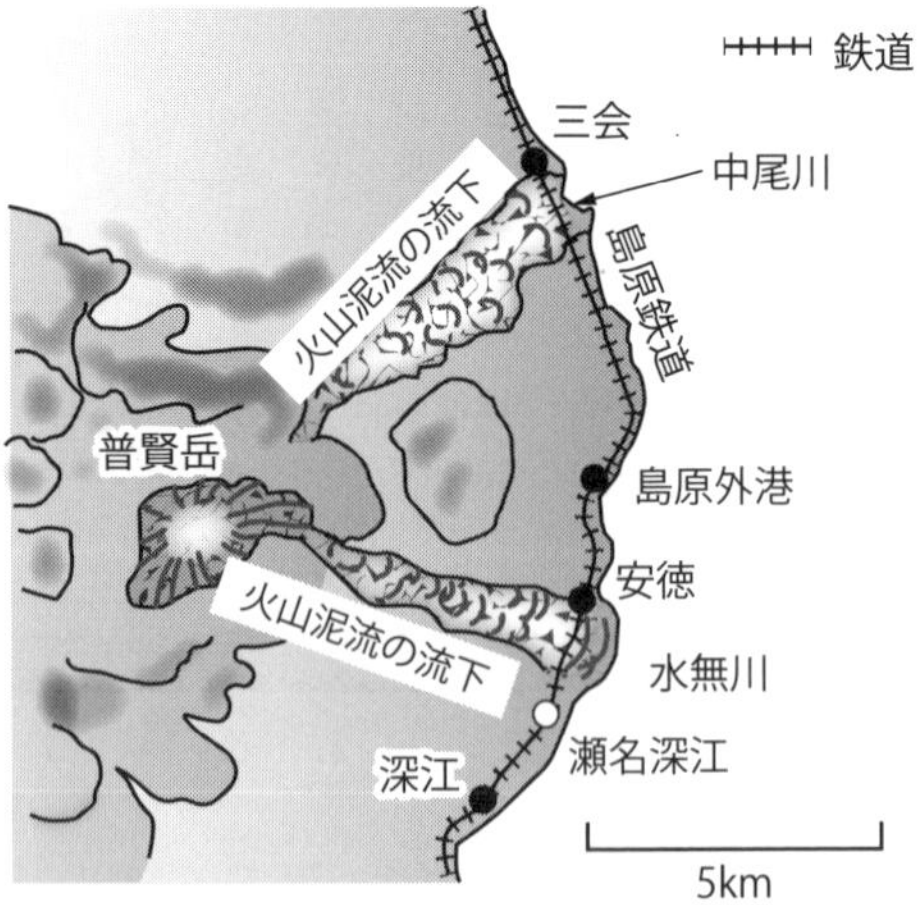

線路 埋没・流出　踏切倒壊、信号ケーブル切断
・1991 年から 1997 年まで不通

過去、火山噴火による鉄道の被災はいくつもの例があります。

１９２６年に十勝岳の噴火で火口丘が崩壊し融雪型火山泥流が発生しました。富良野線のレールが埋没したり流出しました。

１９７７年に有珠山が噴火し、線路は26キロメートルにわたり、降灰を受けました。線路が埋没したり、踏切施設、電気施設が被災しました。

１９９１年雲仙普賢岳の噴火よって、降灰と泥流が発生しました。島原鉄道は４５０メートルにわたり踏切の倒壊、線路埋没、流出が起こり、１９９３年にも火山泥流で線路が埋まりました。

このほか浅間山、霧島山、桜島などで鉄道への噴火災害が起きています。

48 飛行機のエンジンへのダメージ

飛行機のジェットエンジンが火山灰を吸い込めば、火山灰の成分が溶けて付着し、エンジンのタービンを冷やす穴にも入り、エンジンが冷やせなくなりエンジンが止まる事態になってしまいます。1982年ブリティッシュエアウェイズ・ボーイング747のエンジンが4発とも停止。インドネシア・ジャワ島のガルングン山の噴火による火山灰の影響でした。

アラスカ州アンカレッジのリダウト山の噴火による火山灰の影響で1989年のKLMオランダ航空・ボーイング747もエンジンが4発とも停止しました。

飛行機の速度を測る計器では測定用の穴が火山灰で詰まってしまい、速度計が動かなくなってしまいます。さらにガラス成分がコックピットのフロントガラスを傷つけ視界を奪いフロントガラスが見えなくなる危険もあります。

火山灰は、上空6000～1万2000メートルほどの空気中を漂っています。整備本部の主要拠点の1つである鹿児島航空機整備センターは、桜島、新燃岳の桜島など、九州南部、鹿児島は火山と共生している地域とはいえ火山灰が航空機に与える影響を踏まえ、監視体制を強化させています。

1982年に発生したブリティッシュ・エアウェイズ9便のエンジン故障は、溶融灰がジャンボジェットエンジン4基を詰まらせました。

アイスランドのエイヤフィヤトラヨークトル火山の噴火で巨大な火山灰の雲が広がり、その影響で旅客機が墜落する恐れがあることから、2010年4月15日はヨーロッパ北部を発着する航空便の欠航が相次ぎました。ノルウェー、スウェーデン、フィンランド、デンマークを発着する何千もの便が欠航となりました。

火山灰の飛行機の脅威

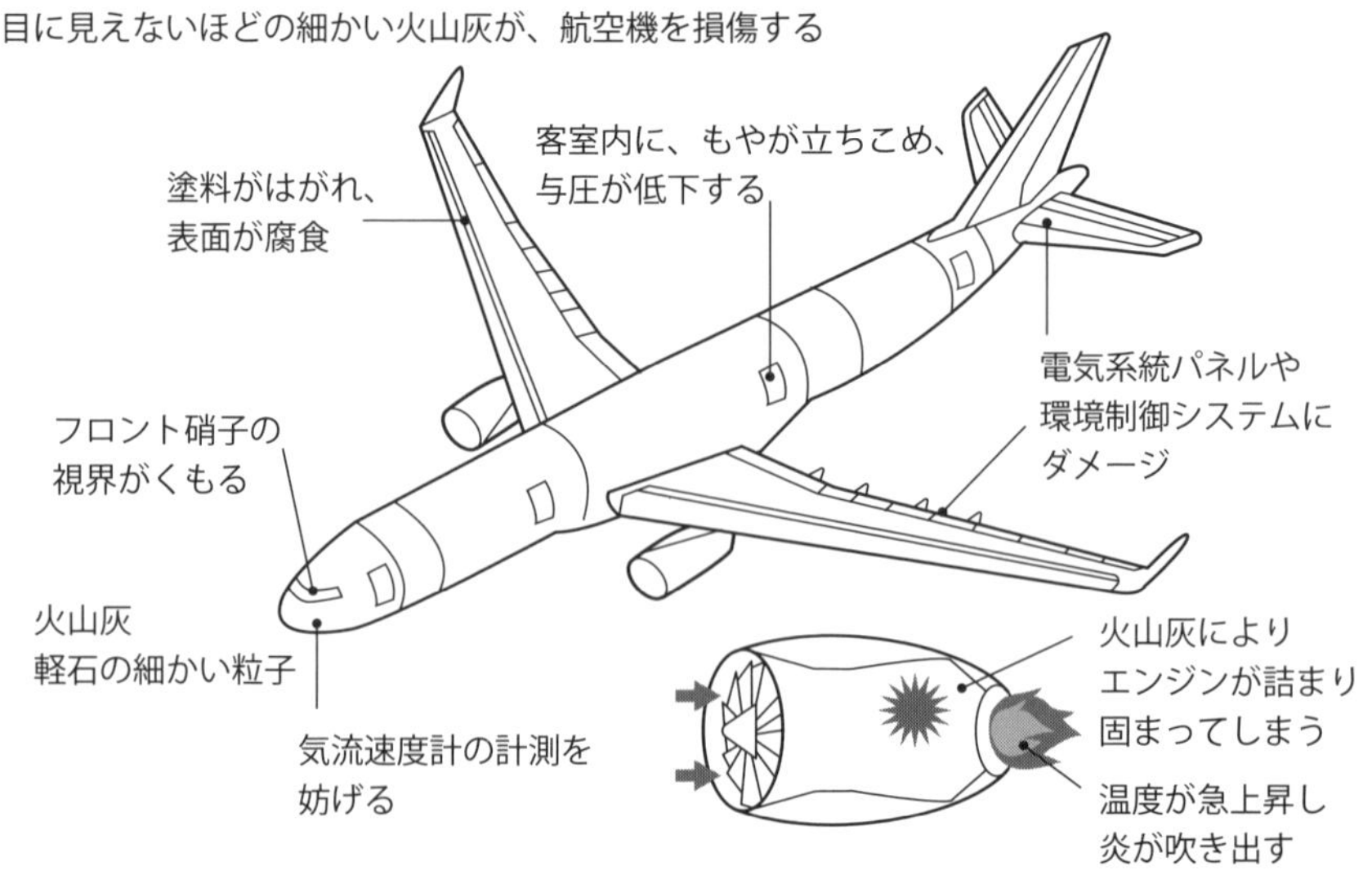

目に見えないほどの細かい火山灰が、航空機を損傷する

出典：ボーイング社データ

降灰による影響

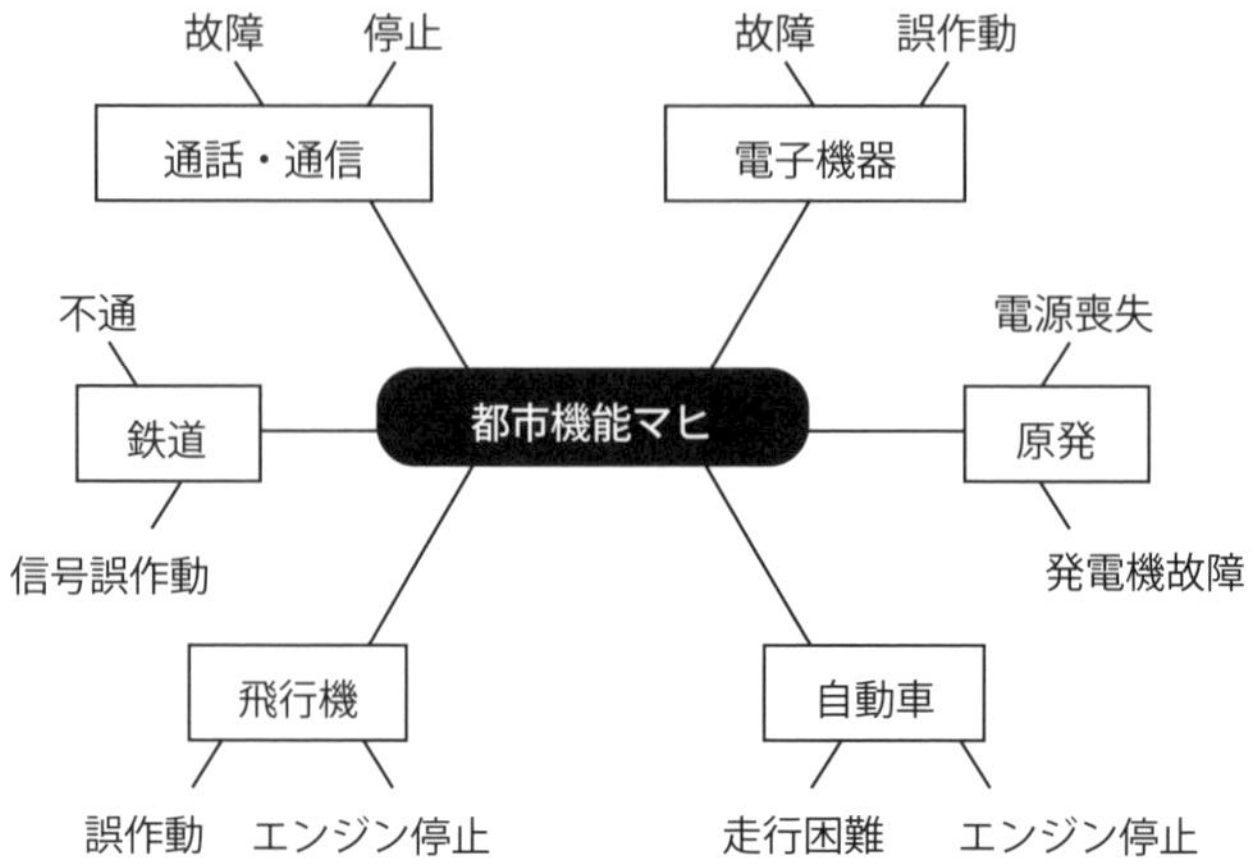

これは、高度7600～9200メートル付近を火山雲が漂っており、その影響を受ける国々が空域を閉鎖したためでした。

飛行機は燃焼機関が空気を吸い込むことで動き、動力を生みだします。火山塵（かざんじん）が航空機のエンジンの精密部品に入り込むと、さまざまな不具合を引き起こします。

火山灰は飛行機の欠航など、人間の社会に大きな影響を与えており、今後の気象への影響も懸念されます。なお今では火山灰の様子を衛星から監視できます。

また、飛散した火山灰はテレビ、コンピュータ、カメラなどの機器に入り込み故障を引き起こします。スマホやiパットも同様です。火山灰は雨水に濡れると導電性を持ち、電力や情報通信に依存する社会では火山灰被害を受ける可能性があります。大規模降灰時には、精密機器の故障の多発が懸念されます。溶岩流や噴石は到達する距離が限定的ですが、火山灰は風に乗って数十キロメートルから数百キロメートル以上遠くまで運ばれます。富士山が噴火した場合には、100キロメートル以上離れた首都圏にも降灰します。

火山灰は非常に細かい粒子のため、電子機器やコンピュータの内部に入り込みやすくなっています。その場合静電気により機器の内部に付着してしまい、誤作動や故障の原因となります。また、電話基地局が灰で覆われると、携帯電話がつながりにくくなったり、通話できなくなったりします。しかし、有珠山2000年噴火時に携帯電話が用いられましたが通信障害の報告はありませんでした。2008年チリのチャイテン山噴火の際は、最初の噴火で30ミリメートル、合計で150ミリメートルの降灰量でしたが市街地においても、噴火の期間中、携帯通信や衛星通信、ラジオなどあらゆる通信に障害は発生しませんでした。降灰のあった期間を通じて、携帯電話の通信機能は問題なく維持されました。

しかし、火山灰の粒径が細かいほど携帯電話端末に侵入しやすく大量の火山灰降下物に見舞われれば電子機器に影響がおよぶと考えられます。

火山噴火で原発外部電源が失われた場合、非常用ディーゼル発電機が使えなくなる可能性があり、最悪のケースでは原子炉が冷却できなくなる恐れがあります。

49 火山噴火の予知は可能なのか

観測体制を整備していますが、いまだに精度を高めた火山噴火の予知はできていません。

2014年9月に突然噴火した御嶽山（長野県と岐阜県境）の例がしめすように、予知は難しそうです。「富士山は00年以内に噴火する可能性がある」といわれたりしますが、このぐらいの予知が現実的です。しかしこのような漠然とした予知であれば「予知ができない」といっているようなものです。

2018年1月の群馬県と長野県の県境付近で噴火した草津白根山も同様で、予知はできていません。火山の噴火が予知できていれば人命被害を防げていたはずです。

日本は火山列島で、111の活火山があり、火山噴火の脅威に曝されています。地震予知とともに火山噴火の観測と監視の体制にも多額の予算をかけ整備してきています。

明らかに噴火の予兆があるのにもかかわらず、噴火をせず、そのまま終息するケースも少なくありません。沈静化した途端、噴火することもあります。

火山現象は極めて多様な現象であり、その現象を理解するためには、地球物理学、地質学、地球化学など様々な領域の科学技術の粋を集めた観測手法が駆使されています。

また、人工衛星など宇宙技術を利用した観測手法は、最近飛躍的に進歩をしています。火山のメカニズムを理解するための新しい手段です。GPS人工衛星システムを用いた地殻変動観測装置が、全国に約1200点設置されています。火山活動にともなう地殻変動を精密に計測しています。

火山は地表近くにおいてマグマの上昇に伴い、地形

ミューオンによる火山活動観察

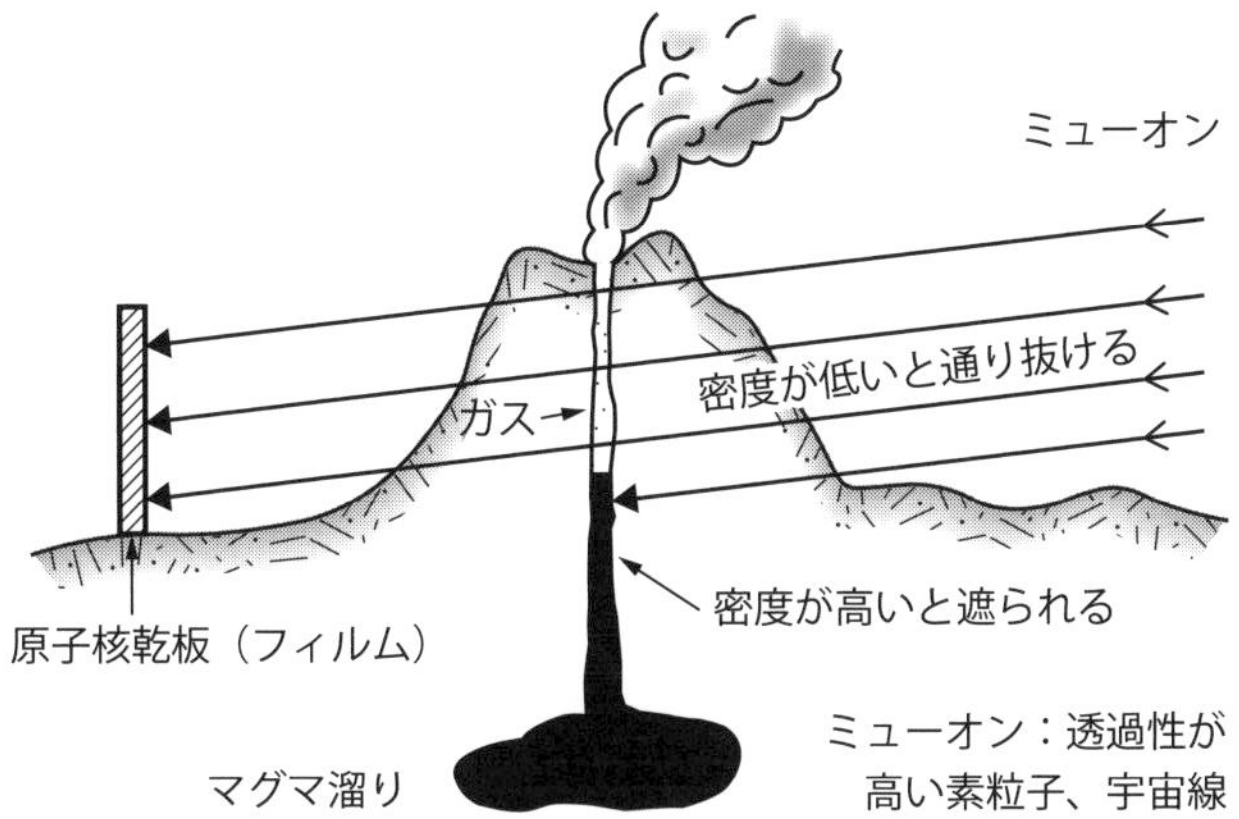

火山監視

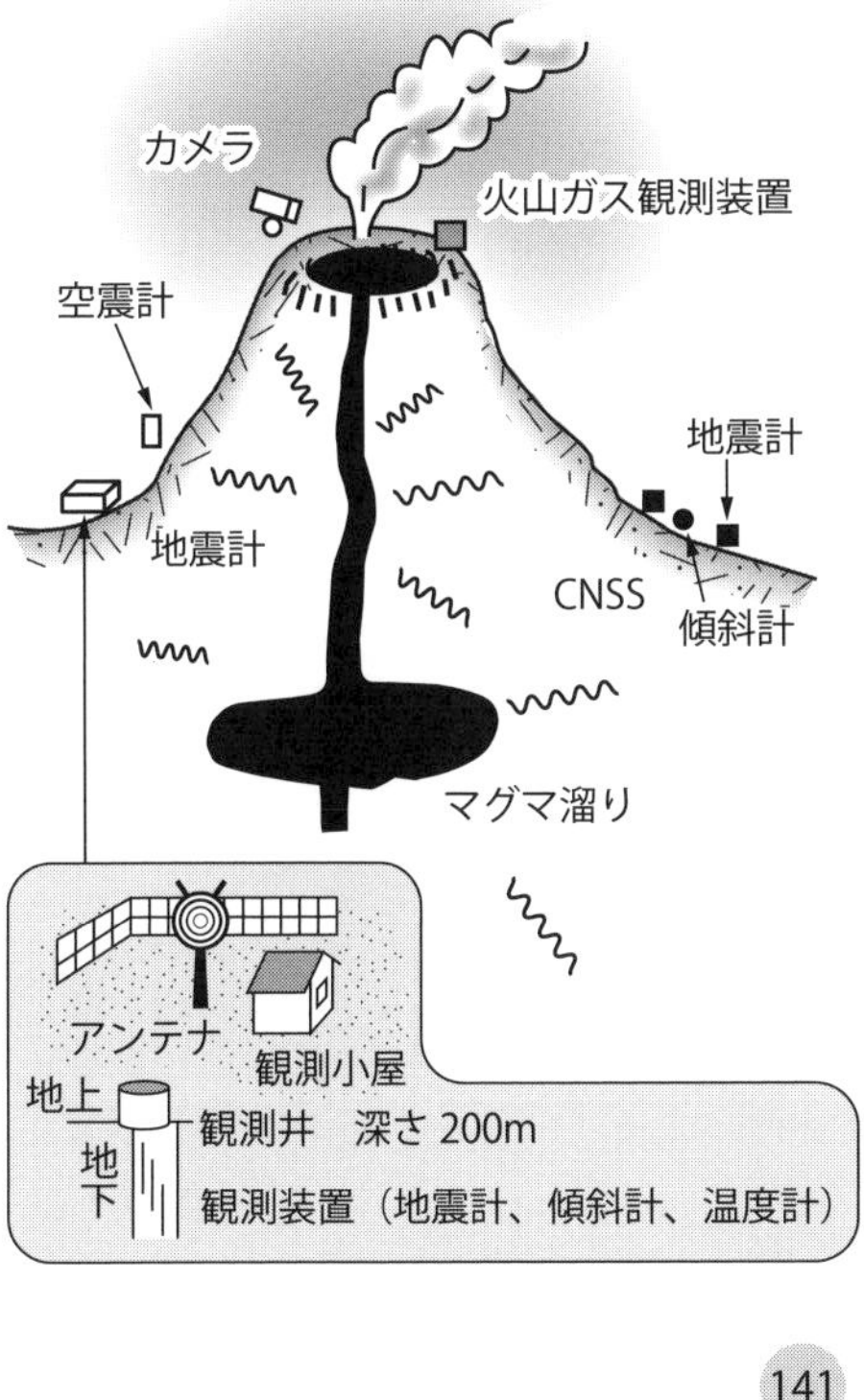

	火山監視機器
熱活動	熱映像監視カメラ
	火山ガス観測装置
	地磁気観測装置
	遠望カメラ
地殻変動	CNSS（GPSなど衛星測位システム）
	傾斜計
地震活動	地震計
	広帯域地震計
噴火発生	火口監視カメラ
	空振計

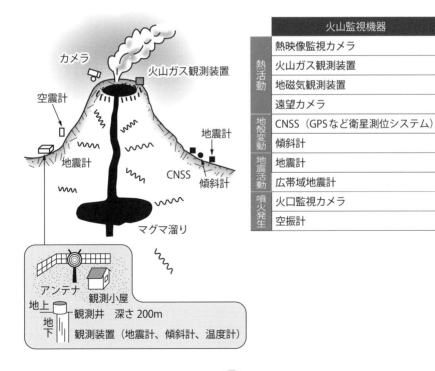

が微妙に変化します。この変化を設置されている傾斜計で捉えることができます。地震の前兆としての異常な地殻変動や火山噴火に先立つ火山体の膨張や隆起を観測するために水管傾斜計は数メートル〜数十メートルの管に水を入れたもので、横穴の中に設置して、管の両端の水位の差を計測します。また竪穴に設置するのは振子式傾斜計で、傾斜変化に伴う振り子の位置のずれを計測します。傾斜計の測定値で、山体の膨張や収縮を把握します。

地震研究所が中心になり、全国の大学や研究機関が連携して地震と火山噴火の予知研究をしています。

地下1〜10キロメートルのマグマ溜りにマグマがいったん集まり、そこから地表に出ていきます。この過程のマグマの移動と集積に関係する噴火の前兆現象に関してもマグマが岩盤を破壊し貫入することで起こる地震（火山性地震）やマグマ溜りの圧力が増し微動（火山性微動）が起こります。その結果山体が膨張したり、地形が変化します。

また、マグマが浅いところまで上昇してくれば地電流や地磁気、地中電気抵抗の変化、熱の異常、地下水の温度上昇などが起こります。

火山ガスも変化（組成、量、温度）し噴煙の量も変化していきます。このような変化を追求し、予知につなげなければなりません。

日本では約30の活火山で、気象庁や大学などの研究機関が観測所を設けるなどして常時観測を行っています。それ以外の火山は、全国的なＧＰＳによる隆起や地温の観測や通常の地震観測によりカバーしています。

そしてすべての活火山を対象とした噴火警報を気象庁が発表する制度となっています。

地下のマグマなどの物質の動きに伴い、様々な変化が地表面に生じます。火山周辺の地殻変動の観測から、地下の物質の作用の様子を知ることができます。

このような観測は、従来は測量技術の三角測量や水準測量が一般的でしたが、最近では人工衛星を利用したＧＰＳ連続観測や、衛星や航空機に搭載したレーダーによる面的な地殻変動の観測がなされ精度が高くなってきました。

Column

マグマ発電

マグマ発電は「マグマ溜り」へのボーリングを利用してマグマからエネルギーを取り出す発電です。「マグマ発電」の研究開発がアイスランドで始まっています。マグマ発電も地熱発電です。直接「マグマ溜り」からエネルギーを取り出すため、効率が高く、高い出力が得られます。

日本でのマグマ発電の潜在資源量は6000万メガワットで、日本の全電力需要の3倍近くを賄えるだろうと予想されています。地熱の資源量の2500倍と莫大です。実現すればクリーンで巨大エネルギーが生み出されます。

火山マグマの高熱を利用して発電する「マグマ発電」は、2009年にアイスランドで始まりました。巨大なエネルギーを生み出せる技術として期待されています。

アイスランド北東のカラフラ地方で地熱発電開発のために地下5000メートルまで掘り進めるボーリングを行っていました。2100メートルのところで、予想外にも「マグマ溜り」に掘削が達し、マグマが、一時的に停滞するマグマ・ポケットにつきあたり、900～1000℃もの熱さの溶岩が噴出しました。ボーリングの穴から放出された熱は450℃という高温です。

高温高圧の水蒸気を数か月にわたって連続で放出する試験が行われ成功しました。「マグマから直接エネルギーを取り出した世界で初めての地熱システムだ」といわれ、マグマ発電の開発への可能性が具体的となりました。

日本では2004年に雲仙普賢岳で、噴火後のマグマの通り道にボーリングを掘削しました。噴火のメカニズムを知るための研究です。

50 どのような防災対策がとられているのか

噴火予知は進んできていますが、まだまだ精度を高めるレベルではありません。噴火時期については前項で説明したように、漠然とした時期の予測が精一杯で規模の特定もまだかなり難しいといえます。

そして、大噴火、巨大噴火に対しては必ずしも有効な防災対策は取られていません。現段階では「逃げる」のが一番です。

火山災害に結びつく危険性が高い火山現象は、噴石、火砕流、融雪型火山泥流、溶岩流、降灰、降灰後の土石流、火山ガス、山体崩壊、津波など多岐にわたっています。これらの火山災害に対しては、活動火山対策特別措置法等に基づいていろいろな対策がとられています。「火山防災協議会等連絡・連携会議」(内閣府、消防庁、国土交通省、気象庁)が開催され、情報の共有化が図られます。

また、こうした中、火山災害の一層の軽減を図るため、重大な火山災害の起こるおそれがあれば警告する「噴火警報」などの発表がされています。

さらに5段階に区分した「噴火警戒レベル」が全国30火山を対象に運用されています。今後30以外の火山についても、噴火警戒レベルに応じた防災対応が進められていきます。

火山が噴火した際にどの地域にどのような危険が及ぶのかを示した火山ハザードマップを作成することは、住民や観光客に対して防災情報を提供し、防災意識を高めることに役立つでしょう。

火山防災対策

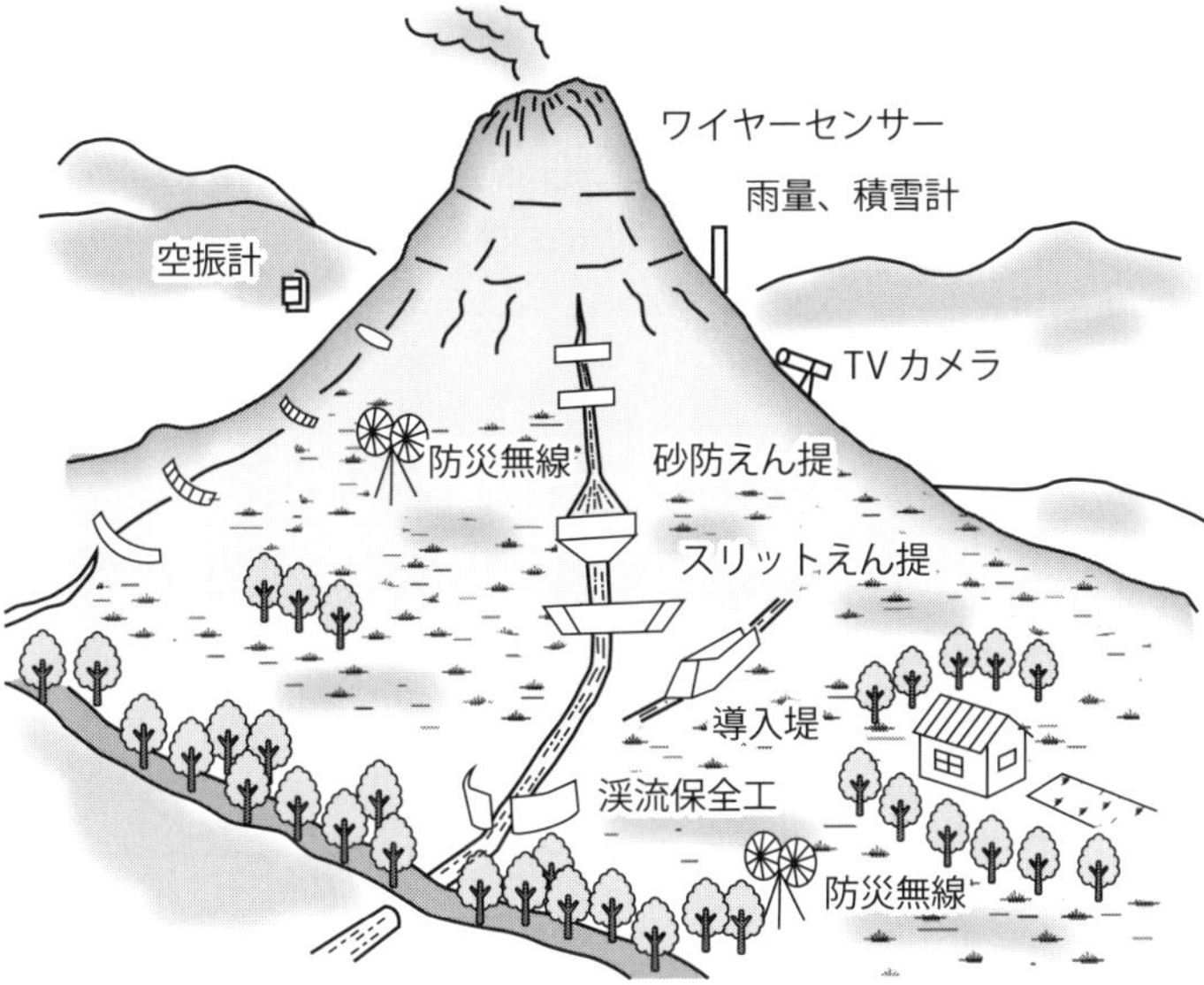

噴火警戒レベルと対策

種別等		対象範囲	レベル	火山活動の状況	入山者
特別警報	噴火警報（居住地域）	居住地域およびそれより火口側	レベル5 避難	居住地域に重大な被害および切迫している状況	
			レベル4 避難準備	居住地域に重大な被害をおよぼす噴火が発生すると予想される	
警報	噴火警報（火口周辺）	火口から居住地域まで	レベル3 入山規制	居住地域の近くまで重大な影響をおよぼす噴火が発生あるいは予想	登山禁止、入山規制
		火口周辺	レベル2 火口周辺規制	火口周辺に影響をおよぼす噴火が発生あるいは予想	火口周辺への立入規制
予報	火口内	火口内	レベル1 活火山であることに注意	火山活動は平常	特になし

消防白書参考

51 火山と社会の将来

日本では火山を監視し、その恵みを受けています。火山のエネルギーから地熱を利用して電気を作っています。各地で噴火災害やその危険と闘いながら、一方で火山活動により生じた地形やマグマに起因する自然の恵みを享受し、火山と共存した社会活動を営んでいます。

火山活動による自然の恵み、その美しい景色や雄大な自然を楽しみ、火山から流れ出た大量の溶岩や土砂で広くなだらかな土地を利用しています。

さらに、豊富な地下水や畑作にとって重要な土壌など、噴火が起き、災害を受けても、長期的には大きな恵みが与えられます。表裏一体なのです。

火山との共生は、この火山のもつ二面性を認識し、火山は人間の生活を支えている自然の一部であるということを理解し、共に生きるという基本姿勢を共有することが重要です。このことが「自然の営み」ともいえる火山噴火からの被害を少なくすることにも結びつきます。

火山の恵みと火山のおそろしさを合わせて理解し、将来の減災を図るためにも、火山のもたらす災害、恵みの両面を後世に伝えることが重要でしょう。

伊豆大島、阿蘇山、桜島などにおいても、過去、何度も火山噴火災害を受けながらも、火山を観光資源として活用するなど、火山と共生している事例がいろいろとあり、世界を見ればイタリアのストロンボリ火山でも見られます。大きな火山噴火が発生した場合には、住民の島外避難などが行われており、災害をうまく避けながら火山との共生をしています。

富士山の火山防災マップの作成や各種防災対策の実施、富士山の挙動を把握する監視・観測体制の整備、

カルデラ湖と溶岩円頂丘

榛名湖（標高1084m）

防災無線、情報通信網、情報発信拠点等の整備、住民への情報の迅速な伝達体制の整備、平常時からの火山活動に関する的確な情報の提供などにより、もともと優れた観光地ですが、火山としての興味深い知識の提供、現地での質の高い案内表示、火山広報施設などによりこれらを観光資源として活用し、火山と社会の共存への努力をしています。

太古から、火山はごくあたりまえの自然現象として火山活動を続けてきています。度重なる噴火で噴出物が累積して、火山は山体をつくり、周辺に優美な景観を展開させています。火山高原の広がり、裾野の森林の美しさ、カルデラ湖など、人々を魅了し、山麓に湧き出す温泉とともに、まさに憩いの場をつくっています。リゾート地域としても開発がされてきています。

また、火山地域は湧き水に恵まれています。様々な土地利用が進んできています。火山現象に関する理解を深め、将来の噴火に備える必要があるでしょう。

【参考文献】

『火山とマグマ』兼岡一郎／井田善明　１９９７年３月　東京大学出版会
『火山とプレートテクトニクス』中村一明　１９８９年３月　東京大学出版会
『火山噴火』鎌田浩毅２００７年９月岩波新書
『日本の火山を科学する』神沼克伊・小山悦郎２０１１年２月ソフトバンク　クリエイティブ株式会社
『地震と火山』鎌田浩毅２０１４年10月学研パブリッシング
『超巨大火山』佐野貴司２０１４年10月講談社ブルーバックス
『火山入門』島村英紀２０１５年５月ＮＨＫ出版
『燃える島』（アイスランド紀行）竹内均１９９２年３月徳間書店
『歴史を変えた火山噴火』石弘之２０１２年１月刀水書房
『破局噴火』日経サイエンス２０１５年４月日経サイエンス社
『地球は火山がつくった』鎌田浩毅２００４年４月岩波ジュニア新書
『おもしろサイエンス岩石の科学』西川有司２０１７年１月誠文堂新光社
『おもしろサイエンス天変地異の科学』西川有司２０１８年６月日刊工業新聞社
『おもしろサイエンス地形の科学』西川有司２０１９年３月日刊工業新聞社
『Ｑ＆Ａ　火山噴火　１２７の疑問』日本火山学会２０１５年９月講談社　ブルーバックス
『富士山噴火と巨大カルデラ噴火』ニュートン別冊２０１４年12月ニュートンプレス

●著者略歴
西川 有司（にしかわ ゆうじ）

1975年早稲田大学大学院資源工学修士課程修了。1975年～2012年三井金属鉱業（株）、三井金属資源開発（株）、日本メタル経済研究所。放送大学非常勤講師（2014～2018）。

主に資源探査・開発・評価、研究などに従事。その他グルジア国（現在ジョージア）首相顧問、資源素材学会資源経済委員長など。

現在、EBRD（欧州復興開発銀行）EGP顧問、英国マイニングジャーナルライターなど。

著書は、トコトンやさしいレアアースの本（共著、2012）日刊工業新聞社、トリウム溶融塩炉で野菜工場をつくる（共著、2012）雅粒社、資源循環革命（2013）ビーケーシー、資源は誰のものか（2014）朝陽会、資源はどこに行くのか（2019）朝陽会、おもしろサイエンス地下資源の科学（2014）日刊工業新聞社、おもしろサイエンス地層の科学（2015）、おもしろサイエンス天変地異の科学（2016）、おもしろサイエンス温泉の科学（2017）、おもしろサイエンス岩石の科学（2018）、おもしろサイエンス地形の科学（2019）など。「資源と法」（2012～2019）記事連載朝陽会発行（編集雅粒社）また地質、資源関係論文・記事多数国内・海外で出版。

NDC 453.8

おもしろサイエンス**火山の科学**

2020年3月30日　初版第1刷発行

定価はカバーに表示してあります。

©著者	西川有司	
発行者	井水治博	
発行所	日刊工業新聞社	〒103-8548 東京都中央区日本橋小網町14番1号
	書籍編集部	電話 03-5644-7490
	販売・管理部	電話 03-5644-7410　FAX 03-5644-7400
	URL	https://pub.nikkan.co.jp/
	e-mail	info@media.nikkan.co.jp
	振替口座	00190-2-186076

印刷・製本　新日本印刷㈱

2020 Printed in Japan　落丁・乱丁本はお取り替えいたします。
ISBN 978-4-526-08050-0